高等院校**通识教育**
新形态系列教材

U0733655

工程伦理导论

慕课版

沈艳 朱烨 编著

人 民 邮 电 出 版 社

北 京

图书在版编目（CIP）数据

工程伦理导论：慕课版 / 沈艳，朱烨编著. -- 北
京：人民邮电出版社，2024.3
高等院校通识教育新形态系列教材
ISBN 978-7-115-62979-1

Ⅰ．①工… Ⅱ．①沈… ②朱… Ⅲ．①工程技术—伦
理学—高等学校—教材 Ⅳ．①B82-057

中国国家版本馆CIP数据核字(2023)第193435号

内 容 提 要

本书以理论—意识—实践为主线，旨在培养新时代工程技术人才的工程伦理意识和责任感，让读者学会自觉遵循工程伦理基本规范，提高工程伦理决策能力。本书共3篇9章，从理论与方法、意识与责任、实践与辨识3个方面，探讨了工程与人、工程与社会、工程与环境的关系。本书选取大量工程实践的典型案例，力求展示工程实践的伦理问题，做到理论通俗易懂，内容深浅适当。

本书可作为各类工科专业本科生、研究生学习工程伦理的教材，亦可供高等院校相关教师以及工程相关从业人员参考。

◆ 编　著　沈 艳 朱 烨
　　责任编辑　韦雅雪
　　责任印制　王 郁 陈 犇
◆ 人民邮电出版社出版发行　　北京市丰台区成寿寺路11号
　　邮编　100164　电子邮件　315@ptpress.com.cn
　　网址　https://www.ptpress.com.cn
　　固安县铭成印刷有限公司印刷
◆ 开本：787×1092　1/16
　　印张：11.25　　　　　　　　2024 年 3 月第 1 版
　　字数：275 千字　　　　　　　2025 年 7 月河北第 3 次印刷

定价：49.80 元

读者服务热线：(010)81055256　印装质量热线：(010)81055316
反盗版热线：(010)81055315

随着"互联网+"等发展战略和《新一代人工智能发展规划》等规划的实施，中国工程发展日新月异，不断呈现出新的特点，如工程规模更加庞大、技术复杂性提升、社会影响覆盖面扩大等。特别是近年来，中国工程走向国际，对世界经济和社会发展产生了较大影响。与此同时，不断应用于工程中的新技术也给工程带来了不可预测性，增大了工程的风险，对社会经济、生态环境造成了一系列负面影响，各种工程伦理问题日益突出。这对工程技术人员提出了新的要求，即工程技术人员不仅要具备扎实的专业理论基础和专业技术，还要具备工程伦理素养和职业道德，在解决工程问题和做出工程实践决策时，时刻将公众的安全、健康和福祉置于首位，自觉担负起维护人类共同利益、造福人类的责任，以促进社会的可持续发展，实现人与社会、自然的和谐共生。

我国于2016年正式加入《华盛顿协议》，这标志着我国工程教育专业认证体系与标准实现了国际互认，也意味着工程伦理教育被纳入工程专业教育认证的制度体系中，这对我国工程教育人才培养质量提出了新的要求。2017年6月，教育部发布《新工科研究与实践项目指南》。该指南注重理念引领，强调坚持立德树人、德学兼修，提倡强化工科学生的家国情怀、国际视野、法治意识、生态意识和工程伦理意识。《新工科研究与实践项目指南》的发布表明工程伦理教育在新工科的建设中成为重要内容之一。2018年，国务院学位委员会办公室发布的《关于转发<关于制订工程类硕士专业学位研究生培养方案的指导意见>及说明的通知》的附件1中，工程伦理被列为工程类硕士专业学位研究生的公共课程，这再次强调了工程伦理对于工程类人才培养的重要性和必要性。2020年5月，教育部印发的《高等学校课程思政建设指导纲要》明确指出："工学类专业课程，要注重强化学生工程伦理教育，培养学生精益求精的大国工匠精神，激发学生科技报国的家国情怀和使命担当。"

工科学生是我国工程师的储备军，在工科学生中开展工程伦理教育，对提高工科学生的工程伦理素养，加强工程从业者的伦理责任意识，缩小我国与发达国家在职业工程师道德和规范教育上的差距，加速我国工程类人才培养与国际接轨，促进我国工程技术的发展具有深远意义。通过工程伦理教育，工科学生能理解工程伦理的内涵，树立正确的工程价值观和工程伦理观，认识工程师的职业特征和责任，反思科技发展对人类未来的影响，并将工程价值观和工程伦理观融入工程技术的实施过程，恪守职业操守和职业道德。这样不仅可以有效防范和减弱工程活动的负面影响，也有利于工程活动正向功能的加强，从而推动可持续发展，使工科学生成为具有先进的工程理念、卓越非凡的工程创新精神、深切的职业自觉意识、强烈的社会责任感和历史使命感的新时代工程技术人员。

本书立足中国国情，聚焦中国工程，旨在落实立德树人根本任务，构建具有中国特色的工程伦理教育体系。本书具有以下特点。

1．梳理中国工程及伦理规范的发展脉络，开发本土案例

本书在案例选择上，结合中国工程伦理教育的特点，保留部分经典国外案例，舍弃陈旧的西方案例，同时立足中华优秀传统文化、社会主义核心价值观，收集中国工程实践案例，并将其整理加工成本土工程伦理案例。案例注重时效性、本土性和典型性，正面、负面案例比例恰当，灵活运用在理论分析和实践训练中。

2．注重理论联系实际

本书收集和整理本土工程伦理案例，第1～8章均以工程伦理案例为切入点，引出本章学习内容，并在章末设置相应习题。结合前面8章的内容，第9章进一步利用案例进行工程伦理分析，让学生能综合运用工程伦理学理论、知识和方法，对现代工程实践中出现的价值冲突和道德失范等现实问题进行分析与实践，培养学生的职业责任感和道德感，使学生明晰应当遵循的伦理原则和规范，以及工程师的应有行为。

本书共3篇9章。第1篇为理论与方法，包含第1～5章。其中第1章为走进工程：主要介绍工程的演变，工程的含义与特点，工程与科学、技术和艺术的关系，以及工程精神。第2章为理解工程伦理：主要介绍道德和伦理、伦理立场与伦理困境、工程的伦理视角，以及工程伦理教育的意义与目的。第3章为善用技术创新：主要介绍技术观、创新，并以大数据技术为例阐述技术应用的伦理风险。第4章为识别工程风险：主要内容包括工程风险概述、工程风险防范与评估、工程的普惠性，以及邻避效应。第5章为珍惜生态环境：主要介绍生态环境与可持续发展、环境伦理思想的确立，以及环境伦理核心问题与原则。第2篇为意识与责任，包含第6～8章。其中第6章为工程师的伦理责任：主要内容包括工程师概述、工程师伦理责任演变与工程伦理规范发展、工程师伦理责任的原则和具体表现，以及工程师的伦理冲突。第7章为工程共同体的伦理责任：主要内容包括工程共同体概述、工程共同体的博弈和伦理困境，以及工程共同体责任协同。第8章为中国工程走出去的伦理责任：主要介绍中国工程走出去的伦理挑战、伦理观及风险防范措施。第3篇为实践与辨识，内容集中于第9章，重点分析5个案例。

本书配套慕课视频，支持线上线下混合式教学。读者可扫描右方二维码或登录人邮学院网站（新用户须注册），单击本书慕课页面上方的"学习卡"选项，并在"学习卡"页面中输入本书封底刮刮卡的激活码，即可学习本书配套慕课。

慕课课程网址

本书还配套教学课件、教学大纲、教学素材等丰富的配套教辅资源，读者可登录人邮教育社区（www.ryjiaoyu.com）下载配套教辅资源。

在编写本书的过程中，编者参考了国内外专家学者的著作以及一些新闻媒体的相关资料，限于篇幅，参考文献和资料来源未能一一列举，编者在此向本书引用的参考文献和资料的作者致以衷心的感谢。同时，电子科技大学的杨平教授、古天祥教授，四川大学的郭兵教授对本书的编写提出了许多建设性意见，成都信息工程大学教务处及计算机学院对本书的编写工作给予了大力支持，编者在此也一并感谢！

由于编者水平有限，加之对如何构建具有中国特色的工程伦理教育体系还在不断探索中，书中难免存在不妥之处，殷切希望广大读者批评指正，您的建议和意见是对我们最大的鼓励和支持。

编者

2023年7月于成都

目 录

第1篇　理论与方法

第1章　走进工程

第2章　理解工程伦理

第3章　善用技术创新

第4章　识别工程风险

第5章　珍惜生态环境

第2篇　意识与责任

第6章　工程师的伦理责任

第7章　**工程共同体的伦理责任**

第8章　**中国工程走出去的伦理责任**

第3篇　实践与辨识

第9章　工程伦理案例分析

第1篇 理论与方法

第1章

走进工程

人类的工程活动与人类文明的发展密不可分，它不仅是人类重要且基本的社会活动方式，也是人类社会进步的有力推手。本章首先介绍工程的演变、工程的含义与特点，然后阐述工程与科学、技术和艺术的关系，最后介绍工程精神。

本章学习目标

（1）了解工程的发展演变，特别是中国工程的发展演变。

（2）理解和掌握工程的含义与特点。

（3）了解工程与科学、技术和艺术的区别和联系。

（4）理解工程精神的内涵、基本特征及构成要素。

中国载人航天工程

当中国第一颗人造地球卫星东方红一号成功发射之后，中国工程活动的空间从地面延伸到太空。随着中国空间工程的发展，中国已具备返回式卫星、气象卫星、通信卫星等各种应用卫星的研制与发射能力，这为中国实施载人航天工程（见图1.1）奠定了坚实基础。

1992年9月，中国载人航天工程获得批准建设，这标志着当时中国航天史上规模最大、系统最复杂、技术难度最高的工程正式拉开帷幕。中国载人航天工程确定了"三步走"发展战略：第一步，发射载人飞船，建成初步配套的试验性载人飞船工程，开展空间应用实验；第二步，突破航天员出舱活动技术、空间飞行器交会对接技术，发射空间实验室，解决有一定规模的、短期有人照料的空间应用问题；第三步，建造空间站，解决有较大规模的、长期有人照料的空间应用问题。中国载人航天工程"三步走"发展战略是一个从现实国情出发，极具中国特色且彰显中国智慧的战略设计，指引着中国载人航天工程向着星辰大海不断进发。

图1.1　中国载人航天工程

1999年11月20日至21日，中国成功发射并回收第一艘无人试验飞船神舟一号，这标志着中国突破了载人飞船基本技术。2001年1月10日至16日，中国成功发射并回收神舟二号无人试验飞船，顺利完成预定空间科学和技术试验任务。2002年3月25日和12月30日，中国分别成功发射神舟三号及神舟四号无人试验飞船。至此，中国航天人完成从神舟一号到神舟四号无人试验飞船的无人飞行任务，全面验证了各系统的功能与性能，以及系统间接口的协调匹配性，健全完善了研制试验组织指挥体系和相关基础条件建设，为执行载人飞行任务提供了重要的支撑。

2003年10月15日，中国发射的神舟五号载人航天飞船将航天员杨利伟送入太空，实现了中华民族的千年飞天梦。2005年10月12日，神舟六号载人航天飞船发射成功，实现多人多天飞行目标。至此，中国不仅掌握了载人天地往返技术，成为继俄罗斯和美国之后第三个具有独立开展载人航天活动能力的国家，而且完成了中国载人航天工程"三步走"发展战略的第一步。

2008年9月25日，神舟七号载人航天飞船发射成功，航天员翟志刚于2008年9月27日进行出舱活动，顺利完成中国人的首次太空行走，中国由此成为世界上第三个掌握空间出舱活动技术的国家。2011年9月，目标飞行器天宫一号发射成功，这不仅标志着中国首个试验性空间实验室建成，也为建造中国载人空间站打下了坚实的基础。2011年11月3日，神舟八号与天宫一号首次交会对接，这标志着中国成为继俄罗斯和美国之后第三个自主掌握空间交会对接技术的国家。2012年6月16日发射的神舟九号载人航天飞船于2012年6月18日与天宫一号交会对接。2013年6月11日发射的神舟十号载人航天飞船于2013年6月26日完成既定飞行任务。至此，我国对航天员出舱活动技术和空间交会对接技术的掌握，以及空间实验室的建成标志着中国载人航天工程"三步走"发展战略第二步第一阶段的任务顺利完成，并为后续载人航天空间站的建设打下了重要的基础。

2013年之后，中国航天人历经3年的精心准备，于2016年9月成功发射载人航天实验室天宫二号，这标志着我国载人航天技术进入空间应用阶段。2016年10月17日，神舟十一号载人航天飞船发射成功，并于2016年10月19日与天宫二号自动交会对接成功，航天员顺利进入天宫二号空间实验室并驻留30天，这创造了中国航天员在太空驻留时间的新纪录，为中国载人航天工程"三步走"发展战略的第二步画上了圆满的句号。

2020年5月，长征五号B运载火箭首飞成功，这正式拉开了我国载人航天工程"三步走"发展战略第三步的序幕。2021年4月29日，天和核心舱发射成功，这标志着中国空间站在轨建设全面展开。2021年6月17日，神舟十二号载人航天飞船发射成功，航天员进驻天和核心舱，这创造了中国人首次进入中国空间站的历史。2021年10月16日、2022年6月5日及2022年11月29日，中国分别成功发射了神舟十三号、神舟十四号、神舟十五号载人航天飞船，圆满完成空间站的在轨建设，这标志着中国载人航天工程全面迈入空间站时代。2023年5月30日，神舟十六号载人航天飞船发射成功，这表明中国空间站进入应用与发展阶段后的首次载人飞行任务顺利实施。

伟大的事业孕育伟大的精神。自中国实施载人航天工程以来，中国航天人不忘初心，牢记使命，不但创造了非凡的业绩，也铸就了"特别能吃苦、特别能战斗、特别能攻关、特别能奉献"的载人航天精神。载人航天精神不仅是"两弹一星"精神在新时期的发扬光大，也是中国科技强国建设的强大助推器和民族精神的宝贵财富。

🚩 **思考**

中国载人航天工程反映了工程实践的什么特点，具有哪些工程价值？

1.1
工程的演变

人类社会是基于人类对客观世界的不断认识和改造而持续发展的，工程活动是人类社会发展进程中的一项重要的基本活动，在人类文明的演进过程中发挥着重要作用。例如，古代的都江堰水利工程、万里长城，现代的港珠澳大桥、青藏铁路、中国天眼、中国第一款具有完全自主知识产权的大型喷气式客机C919等工程，如图1.2所示。

纵观古今，作为造物过程的工程活动经历了原始工程时期、古代工程时期、近代工程时期、现代工程时期，工程的演变历史是一部人类的发展史，不仅丰富了人类的物质世界，也推动着人类精神文明的进步与发展。

（a）都江堰水利工程

（b）万里长城

（c）港珠澳大桥

（d）青藏铁路

（e）中国天眼

（f）大型喷气式客机C919

图1.2　中国工程示例

1.1.1　工程的发展演变

1. 原始工程时期

原始工程时期主要是指旧石器时代。劳动是制造工具和使用工具的造物活动。在旧石器时代，人类经过敲打、撞击、截砍等多道工序将石头制作成劳动工具，其本身就是一种工程活动。人类在对石器的加工过程中，积累各种技术经验，这促进了人类对原始需求的选择及各种工程活动的发展。例如，原始的采矿工程活动就是在对石材的选择中诞生的。因此，把石头加工成工具成为整个旧石器时代主要的工程活动。尽管这个时期的工程活动简单，但人类由此开启了认识自然、改造自然、适应自然的历程。

2. 古代工程时期

古代工程时期是指从新石器时代到公元14世纪。这个时期人类处于古代文明时期，人类的工程活动内容和方式迎来了新的变化。

在新石器时代，人类主要从事农业和畜牧业等生产活动，这些生产活动催生了人类对食物储藏、烹煮器皿的需求。在此需求下，陶器的生产揭开了人类根据自己的构思，从天然物中提取材料并制成新的人造物的新篇章，古代工程时期的陶器如图1.3所示。

制陶工艺的发展推动人类进入金属时代，人类以石头、金属、木材、黏土等为自然原料，融入技艺、独创等思维活动，开展更为复杂的工程活动，制造出形式多样的人造物，特别是铁器（见图1.4）的制造及普遍使用将人类的工程活动提升到一个新的水平。铁器的使用促进了大型水利工程的出现，进而促进了农业工程的发展，农业生产力水平得到空前的提高。恩格斯在《家庭、私有制和国家的起源》中指出："铁使更大面积的农田耕作、开垦广阔的森林地区成为可能，它给手工业工人提供了一种坚固和锐利的非石头工具。"

 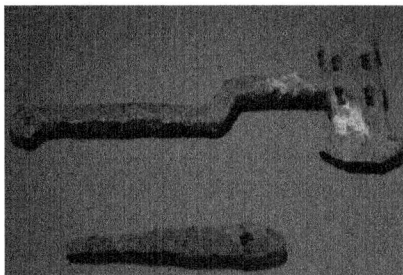

图1.3　古代工程时期的陶器　　　　图1.4　古代工程时期的铁器

随着生产力的发展、人类需求的多元化和生活方式的丰富化，房屋建筑开始出现，并逐渐发展成村落，村落进一步发展为城镇——现代城市的雏形。建筑从普通的居所发展为融入美学、精神等元素的礼仪建筑。出于体现宗教性、纪念性、装饰性等复杂目的的大型结构工程不断涌现，例如埃及金字塔和罗马角斗场，如图1.5所示。工程建造物的社会内涵更加丰富，工程活动的分工也越来越明显和专业化。

（a）埃及金字塔　　　　　　　　（b）罗马角斗场

图1.5　古代建筑

无论是房屋、桥梁、城墙的构建，还是灌溉沟渠、防御工事的兴建，都展现了古代工程的发展，并留下了工程发展演变的痕迹。这些工程不仅渗透着纪念性、艺术性等具有象征意义的精神元素，承载了人类对政治、经济、宗教和文化的需求，也折射出了人类工程水平、工程文化思维及工程文化的演变，成为人类文化发展的历史遗产。

3. 近代工程时期

近代工程时期是指从15世纪到19世纪末。在这个时期，工程领域的扩大和发展需要更强大的动力。正是在对动力的需求的驱使下，18世纪60年代蒸汽机的广泛使用推动了第一次工业革命。正如恩格斯所说："17世纪和18世纪从事蒸汽机制造的人们，谁也没有料到，他们所创造的工具，比其他任何东西都更会使全世界的社会状况革命化……"19世纪中期，人类迎来了第二次工业革命，从此步入了发电、配电与用电的电气化时代。

（1）纺织工程。1764年，英国的织布工人詹姆斯·哈格里夫斯发明了一台以他的女儿珍妮命名的纺纱机，如图1.6所示。珍妮纺纱机的发明不但解放了人类直接参与劳动的"手"，而且催生了水力纺纱机、骡机、水力织布机等重要发明成果。珍妮纺纱机的发明标志着第一次工业革命的开始，实现了人类在物质生产实践领域的一次巨大飞跃。

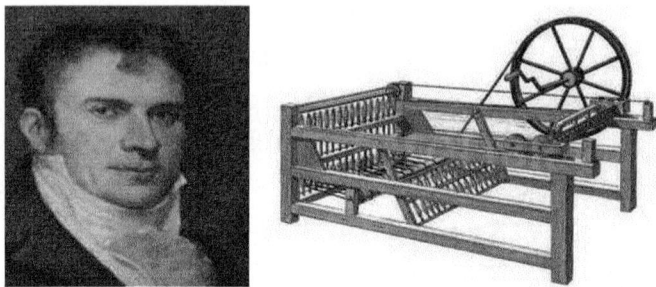

图1.6　詹姆斯·哈格里夫斯和珍妮纺纱机

（2）机械工程。伴随一系列的纺纱机、机床等生产机械的发明和应用，机械工程理论不断发展，起重运输、材料加工、现场施工的专用机械不断被创造出来。1847年，机械工程师学会在英国伯明翰成立，这标志着机械工程作为工程的一个独立领域得到正式承认。

1851年，在英国伦敦召开的首届世界博览会上，水晶宫西北46米外的世界博览会动力房中的8个锅炉产生的800马力（约等于588千瓦）高压蒸汽通过直径为22厘米的地下管道输送到机械展览区，驱动机械展览区里各种机械设备运转，引起关注，如图1.7所示。

图1.7　水晶宫及由高压蒸汽驱动的各种机械设备

（3）土木工程。土木工程开始利用力学的方法分析建筑物在各种荷载作用下的内力和变形，并通过控制结构的内力和变形，确保建筑物安全可靠。与此同时，钢材的引入使土木工程得到进一步发展。1779年，英国人在塞文河上修建了第一座完全用铸铁构建的桥梁，这座桥梁成为工业文明史的里程碑。上文所述的首届世界博览会的场馆——水晶宫就是以钢铁为骨架、玻璃为主要材料的建筑。1875年，法国人J.莫尼埃主持建造第一座长16米的钢筋混凝土桥。1889年，法国巴黎使用8 000吨熟铁建成高度超过300米的埃菲尔铁塔。

（4）化学工程。炸药的发明、油气的提炼，以及通过化学聚合而制成的合成材料使化学工程在人类的工程活动中占据一席之地。1888年，美国麻省理工学院设立"化学工程"专业，并尝试培养化学工程师。

（5）采矿工程。1867年，炸药及轨道式可移动蒸汽机被应用于矿产开采，这不但促进了采矿工业的快速发展，使采矿规模不断扩大，而且推动了岩石机械、隧道支撑、通风设施、煤炭运输等技术的发展。

（6）电气工程。电气理论的不断发展，如安培的电流的磁效应、法拉第的电磁感应原理及麦克斯韦的电磁理论等，为电气工程的发展奠定了基础。例如，1879年，爱迪生发明了白炽灯，这标志着人类社会从此告别黑暗，进入电灯照明时代。1880年，爱迪生研制出110伏自激式直流发电机"巨汉"号。1882年，爱迪生电器照明公司在英国伦敦建造了一座安装有"巨汉"号发电机的发电站。同年，爱迪生在美国纽约珍珠街建立的安装有6台"巨汉"号发电机的中央发电站投入运行。电气工程成为改变人类生活最重要的工程活动之一。

近代工程时期被誉为工程指数增长的时代，这个时代工程类型增多，工程方法多样，生产效率得到空前提高，工程师作为雇员出现。与此同时，工程活动对社会、生态环境所造成的负面影响开始被人们所认识。

4. 现代工程时期

现代工程时期始于19世纪末20世纪初，曼哈顿工程、阿波罗登月工程等在这个时期涌现。自20世纪60年代开始，随着电子计算机的发明和使用，人类迈入第三次工业革命，即信息时代，以高科技为支撑的核工程、航天工程、生物工程、微电子工程、软件工程、新材料工程等现代工程形成。这个时期的工程对自然和人类社会的影响日益重大和深远，工程所带来的伦理争论此起彼伏，工程风险具有了以往任何时期都不具有的新的表现形式。

当前，人类步入21世纪，迎来了第四次工业革命。这场以工业4.0为标志，由人工智能、生命科学、物联网、机器人、新能源、智能制造等一系列技术创新所带来的物理空间、网络空间和生物空间三者融合的革命，将彻底改变人类生活、工作和社交的方式。

1.1.2　中国工程的发展演变

1. 中国原始工程时期

在旧石器时代，人们对收集的石头进行砸制，将其做成劳动工具。例如，在中国广西百色发现了80万年前打制的石器手斧，如图1.8所示。该手斧是一种用砾石、石核或石片打制的重型工具，主要用于屠宰大型动物和挖掘植物根茎等，这个比欧洲手斧还早30万年出现的广西百色手斧需要50多道工序才能制作完成，这也证明在旧石器时代的古人类已经拥有了先进的石器制作技术。

图1.8　广西百色发现的石器手斧

2. 中国古代工程时期

在中国古代，勤劳智慧的劳动者在工程实践活动中创造了许多举世瞩目的工程，特别是在大型建筑和水利工程方面取得的成就更是举世闻名。例如，享有"世界古代水利建筑明珠"美誉的灵渠、唯一留存的以无坝引水为特征的都江堰水利工程及首开引泾灌溉之先河的有坝引水工程郑国渠并称为"秦时三大水利工程"。这些工程是中国古代浩大工程的典范，展现了中国古代工程技术的非凡成就和中华民族工程发展的悠久历史。

📖 案例

中国古代三大工程

（1）坎儿井

坎儿井古称"井渠"，主要分布在新疆的吐鲁番和哈密等地区，总长度约为5 000千米。坎儿井是人们利用山体的自然坡度，将春夏季节渗入地下的大量雨水、冰川及积雪融水引出地表，以满足沙漠地区的生产、生活用水需求的水利灌溉工程。坎儿井通常由竖井、暗渠（地下渠道）、明渠（地面渠道）和涝坝（小型蓄水池）4个主要部分组成，如图1.9所示。

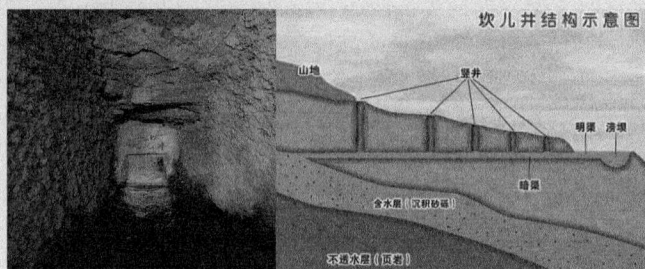

图1.9　坎儿井及其组成

通常，人们在高山雪水潜流处寻找水源，并以一定间隔建造深浅不等的几个到几百个竖井。离出水口最近的一口竖井最浅，深度可仅为1米；在水源处挖掘的竖井最深，深度可达120米。竖井是开挖或清理坎儿井暗渠时，用于定位、运送地下泥沙及通风的通道。依照地势高低，在竖井底修通暗渠，沟通各竖井，引水下流，这样既能防止水蒸发，又能保证水不易被污染。暗渠的出水口与明渠相连接，从而将地下水引至地面灌溉桑田或者输送到涝坝。涝坝根据坎儿井的水量定期蓄水、集中灌溉，可以解决人们的生活用水和牲畜饮水问题。

坎儿井是吐鲁番和哈密等地区的劳动人民巧妙利用、改造自然的典范，不仅成为干旱区的绿洲生命之源，亦是中华民族井渠文化及独特的民族历史文化的重要组成部分。

（2）京杭大运河

京杭大运河（见图1.10）是世界上里程最长、工程最大的古代运河，其开掘于春秋时期，完成于隋朝，繁荣于唐宋，取直于元朝，疏通于明清。古时的京杭大运河南起余杭（今杭州），北至涿郡（今属北京），全长约为1 794千米，途经浙江、江苏、山东、河北、天津、北京等省市，连通黄河、淮河、长江、钱塘江、海河五大水系，成为中国古代南北交通大动脉。

图1.10　京杭大运河

公元前5世纪，吴国为北伐齐国而开凿运河，它将淮河与长江连通，成为中国历史文献中有记载的第一条有确切开凿年代的运河。战国中期，魏国为争雄称霸，于公元前361年前后开始对运河挖掘改造，黄河和淮河之间的水路交通网络得以形成。西汉时期，运河向西延伸，连通洛水与黄河。

在隋唐时期，隋炀帝为了加强首都洛阳与南方经济发达地区的联系，大幅度扩修运河，形成以洛阳为中心、古黄河为基干，长约2 700千米的南北运河系统，其中南运河系统包括洛阳东南方向的通济渠、邗沟和江南运河，北运河系统包括洛阳东北方向至涿郡的永济渠。这时的运河对促进沿线城镇的繁荣与发展发挥了重要作用。在元朝，京杭大运河在翻修时弃洛阳而取直至北京，形成南北直行走向，因而在明、清两朝成为南北水运干线。2002年，京杭大运河被纳入南水北调东线工程。

京杭大运河不仅彰显了中国古代水利航运工程技术的卓越成就，也凝结了深厚的运河文化底蕴，凝聚了中国政治、经济、文化、社会的庞大信息，孕育了一座座名城古镇，留下了丰富的历史文化遗产，成为中华民族文化身份的象征。

（3）万里长城

万里长城是在中国古代不同时期为抵御塞北游牧民族侵袭而修筑的以城墙为主体，与大量的城、障、亭、标相结合的重要军事防御工程。

万里长城修筑的历史可上溯到西周时期，发生在镐京（今陕西西安）的著名典故"烽火戏诸侯"就源于此。秦灭六国统一天下后，秦始皇连接和修缮战国时期诸国修筑的长城，总结出"因地形，用险制塞"的重要经验，该经验既能控制险要，又可节约人力和材料，达到"一夫当关，万夫莫开"的效果，万里长城之称由此开始。结合当时的历史环境来看，长城确保了边防的巩固和安全，给中原地区的农业生产营造了一个稳定的环境。《过秦论》曾言："却匈奴七百余里，胡人不敢南下而牧马，士不敢弯弓而抱怨。"到汉朝，汉武帝进一步修筑万里长城以驱逐匈奴，这不仅维护了西汉帝国的安全，同时也维护了丝绸之路的畅通。在隋朝，万里长城先后历经两次修筑。明朝是最后一个大修万里长城的朝代。自清康熙时期起，虽然大规模的万里长城修筑停止了，但个别地方也修筑了长城。1987年，联合国教科文组织正式将万里长城定为"世界文化遗产"。

自秦汉至明清，修筑长城既是一种积极防御策略，又是积蓄力量、继续进取的谋略；既保证了农业地区与畜牧业地区经济、文化的正常发展，又促进了万里长城一带的共同发展。

当前，万里长城业已成为中华民族的象征，象征着中华民族百折不挠、众志成城、坚不可摧的民族精神和意志。

被誉为中国17世纪的工艺百科全书、中国第一部关于农业和手工业生产技术的书《天工开物》（见图1.11）梳理了130多种生产技术和工具，系统总结了中国古代的各项技术。该书体现了人与自然相协调、人力与自然力相配合的中国传统哲学思想，展现了中国自古传承的技术观。

图1.11 《天工开物》

3. 中国近代工程时期

为了自强、求富，近代中国开展了洋务运动。洋务运动的倡导者提出"中学为体，西学为用"的口号，推出了引进西方先进技术、创办军事工业和民族工业、设立新式学堂、派遣留学生等一系列举措。这不仅催生和发展了中国近代工程师队伍，也展现了中国人民自强不息的精神，在近代中国工程历史上留下了浓墨重彩的一笔。

案例

詹天佑与京张铁路

詹天佑是中国近代铁路工程专家，被誉为中国首位铁路总工程师，曾主持修建我国自主设计并建造的第一条铁路——京张铁路，素有"中国铁路之父""中国近代工程之父"之称。詹天佑与京张铁路如图1.12所示。

图1.12　詹天佑与京张铁路

詹天佑在12岁时前往美国留学，于1878年考入耶鲁大学土木工程系，主修铁路工程。詹天佑出色地完成了大学本科课程的学习，成为当年归国的105名留美学生中仅有的两位学士学位获得者之一。詹天佑一生参与、主持修建的铁路中，最艰巨、最著名的就是京张铁路，这也是中国近代工程建设崛起的标志性工程。

古时的张家口不仅是北京通往内蒙古的要塞，为兵家必争之地，也是南北商旅来往之孔道，因此，修建京张铁路具有重要的政治价值和经济价值。1903年，清政府决定修建京张铁路，英、俄两国为争夺京张铁路的修建权而相持不下。为摆脱英、俄两国的纠缠，清政府决定由中国自己出资、勘测、设计、修筑和管理京张铁路，并任命詹天佑为总工程师兼会办，而后詹天佑升任总办。英、俄两国得知清政府的决定后声称，如果没有他们，京张铁路不可能修成，也有外国人曾讽刺说建造这条铁路的中国工程师恐怕还未出世。面对外国人的讥讽，詹天佑不但没有失去信心，反而更加坚定。他曾说："中国地大物博，而于一路之工，必须借重外人，引以为耻！"同时，他也勉励自己和团队成员："全世界的眼睛都在望着我们，必须成功！无论成功或失败，绝不是我们的成功和失败，而是我们的国家！"。

京张铁路自北京至张家口，这一带崇山峻岭、地形险峻，尤以从南口到岔道城的关沟段最为险峻，工程异常艰巨。詹天佑以惊人的毅力投入京张铁路的修建工作，吃住在现场，事无巨细，亲自率领工程技术人员背着标杆和经纬仪在崇山峻岭中勘测线路，在峭壁上定点制图。为了寻找一条理想的筑造线路，詹天佑常常骑着小毛驴在崎岖的山径上奔波，白天翻山越岭，晚上则俯身在油灯下绘图计算，并最终选定京张铁路的最佳线路。

詹天佑在修建八达岭隧道的过程中，为了缩短修建工期，创造性地发明了竖井开凿法，即施工人员先从山顶开凿一口竖井，再分别向两头开凿。同时，詹天佑采用我国传统建造拱桥的经验，在隧道中及时砌上边墙环拱，防止刚开凿的隧道塌方。为了解决南口和八达岭之间的高落差导致的火车爬坡难问题，詹天佑顺从自然，在工作中创造性运用了折返线原理，在山多坡陡的青龙桥修筑了一段"人"字形线路。利用火车前后的两个车头，当火车上坡时，前面的火车头负责拉，尾部的火车头负责推，以提供火车上坡所需的动力。等到火车行驶过"人"字形线路的岔道口后，原先负责拉的火车头改为负责推，原来处于尾部的火车头负责拉。这一设计使关沟段线路坡度降低到3.3%以下，使八达岭隧道的长度减少到设计方案的一半。另外，詹天佑根据山区筑路的特点，就地取材，设计了许多具有民族特色、宏伟可观的石拱桥，节省了钢材，降低了工程造价，实现了他自己提出的花钱少、质量好、完工快的3个目标。

京张铁路于1905年9月开工修建，历时4年，于1909年10月通车，长约200千米，比原计划提前两年建成，成为中国首条不使用外国资金及人员，由中国人自行设计、施工并投入营运的铁路。京张铁路的建成打破了外国人垄断修建中国铁路的局面，不仅是中国近代史上中国人民反帝斗争的一次胜利，标志着工业文明走进中国，也是中国工程技术界的光荣，增强了中国人民自办铁路的信心，提升了中国科学技术人员的学术地位和国际声誉。

詹天佑将其毕生的精力和才能，毫无保留地奉献给了中国铁路建设事业，为促进中国工程事业的发展作出卓越的贡献，他所展示的自力更生、发愤图强、不怕困难、艰苦奋斗、勇于创新的精神，成为他留给我们的伟大精神财富。

4. 中国现代工程时期

1949年，中国百废待兴，农业还停留在靠天吃饭的水平，工业整体处于作坊式手工业状态。但中国仅用3年时间便恢复了国民经济，人民生活水平显著提高，中国工程也取得举世瞩目的成就。1964年，中国第一颗原子弹爆炸试验成功；1965年，人工合成牛胰岛素；1967年，第一颗氢弹爆炸试验成功；1968年，第一座自行设计施工的大桥——南京长江大桥建成通车；1970年，东方红一号人造地球卫星发射成功，第一艘核潜艇长征一号安全下水并试航成功；1972年，第一条330千伏超高压输变电工程——"刘天关"（刘家峡—天水—关中）输变电工程建成输电，点亮了三秦大地的万家灯火，推动了西北地区工农业的飞速发展；1973年，第一台每秒运算百万次的集成电路电子计算机——150问世，成为中国电子计算机发展史上的一座里程碑；1975年，第一条电气化铁路宝成铁路建成，结束了中国没有电气化铁路的历史，从此拉开了中国铁路现代化建设的序幕。

随着改革开放和国家基础建设投资规模不断加大，中国工程迎来了全面发展期，中国现代工程也逐渐走向世界舞台并崭露头角。三峡工程、西气东输、南水北调、青藏铁路、正负电子对撞机、秦山核电站、超级计算机、载人航天工程、嫦娥探月工程等一系列举世瞩目的工程活动凝聚了中国人的智慧，彰显了中国人自强自立的精神气概和中国强大的综合国力。中国现代工程示例如图1.13所示。

（a）三峡工程

（b）超级计算机

（c）秦山核电站

（d）正负电子对撞机

图1.13　中国现代工程示例

☆案例

红旗渠及其精神

20世纪60年代，为了解决水资源匮乏问题，改善恶劣的生产、生活条件，河南省林县（今河南省林州市）人民在中国共产党的领导下，战胜各种艰难险阻，在太行山的悬崖峭壁上修建了被誉为"世界水利第八大奇迹"的引漳入林工程——红旗渠，如图1.14所示，解决了困扰沿线人民千百年的吃水以及灌溉问题。

图1.14　红旗渠

林县地处河南、山西与河北三省交界处，西邻太行山，地势由西北向东南倾斜，形成一个箕状盆地。由于受气候、地形及地质条件的影响，林县土薄石厚，浅层地下水资源十分匮乏。《林州县志》曾记录，林县历史上十年九旱。一部林县志，满卷旱荒史，林县人民世世代代渴望解决缺水问题。新中国成立后，林县虽然开展了灌渠、水库和深井的建设，但这些对于常年干旱的林县来说只是杯水车薪。1959年，林县再次遇上大旱，之前修建的水利工程无水可蓄，寻找新的水源对于林县人民来说已迫在眉睫。

浊漳河流经林县北部，常年水量丰沛，如果能引漳入林，就能彻底解决千百年来林县缺水的问题。然而，浊漳河在流经林县时，其水位已经远远低于林县的平均海拔，同时，河水也因地质条件的影响层层渗漏，水流量不足，无法实现引流。时任林县县委书记的杨贵发出"重新安排林县河山"的号召，在他的带领下，红旗渠工程设计者们翻阅大量水文地质等方面的资料，不畏艰险，翻山越岭，实地勘测，精心设计出《林县引漳入林灌溉工程初步设计书》，决定以山西平顺的侯壁断作为引水点，筑坝修渠，利用重力把浊漳河水引流到林县境内。在面临施工环境恶劣、物资和技术都缺乏的重重难题及种种质疑的情况下，红旗渠引漳入林工程于1960年2月正式启动。

红旗渠引漳入林工程规模较大，在全国相关部门和驻地部队的大力支持，特别是各级水利部门及工程技术人员和山西省干部群众的大力帮助下，林县各个地方、各个单位以大局为重，相互支持，相互配合，不计较局部利益得失，展现了团结协作精神。30万英雄儿女在中国共产党的领导下凭借惊人的毅力，苦战10个春秋，靠着一锤、一铲、两只手，逢山凿洞、遇沟架桥，顶酷暑、战严寒，克服了难以想象的困难，削平1 250个山头，凿通211个隧洞，架设151个渡槽，在万仞壁立、千峰如削的太行山上建成了全长1 500千米的"人工天河"，红旗渠的施工现场如图1.15所示。

红旗渠的建成形成了将引、蓄、灌、提相结合的水利网，结束了林县"十年九旱、水贵如油"的苦难历史，从根本上改变了林县人民的生产、生活条件，创造出巨大的经济和社会效益，发挥了不可替代的重要作用。同时，红旗渠建设过程中形成的"自力更生、艰苦创业、团结协作、无私奉献"的红旗渠精神，激励着每一个中国人在追梦的道路上不断奋勇前进。

图1.15 红旗渠的施工现场

1.2

工程的含义与特点

1.2.1 工程的含义

何谓"工程"？中国古汉字对"工程"做了较好的诠释。甲骨文和早期金文中的"工"字如图1.16（a）所示，像一把带柄的利斧，利斧是匠人劳动的用具，故"工"字的本义是指用具、工具。凡善其事者曰工，引申为从事手工劳动的人，即工匠。工匠做工应细致而精巧，故"工"字又引申出细致、精巧之义。

战国文字和篆文中的"程"字如图1.16（b）所示，《说文·禾部》中有："程，品也。十发为程，十程为分，十分为寸。"《荀子·致仕》认为："程者，物之准也，礼者，节之准也。程以立数，礼以定伦。"可见，"程"为一种度量单位，后引申为法度、标准。

（a）"工"字　　　　　　　（b）"程"字

图1.16　古汉字中的"工"与"程"

"工"与"程"合起来表示对工作进度的评判，或按照一定的规矩制作物的形式。由此可见，规矩、规范是隐藏在工程实践过程中的。

在中国，"工程"一词古已有之，主要指土木工程。《北史》记载："齐文宣营构三台，材瓦工程，皆崇祖所算也。"北宋欧阳修的《新唐书·魏知古传》记载："会造金仙，玉真观，虽盛夏，工程严促。"直到民国，工程所指仍然没有超出土木建造的范围。

在西方，"工程"一词出现于18世纪的欧洲，起源于军事活动，主要是指与军事相关的设计和建造活动，如建造弩炮、云梯、碉堡等。到18世纪中叶，工程师的作用对象由军事工具变成道路、桥梁、码头等，此时的工程为民用工程，也就是中国的土木工程。

1828年，英国工程师、作家托马斯·特雷德戈尔德提出工程的定义：工程是驾驭源于自然界的力量，以供人类使用的便利之术。从这个定义中可以看出：①工程与自然具有密切的关系，工程既是对自然的利用，也是对自然之力的驾驭；②工程的目的是为人类服务，这也是工程活动的基本价值遵循；③工程体现人类的创造性。20世纪90年代，工程被视为科学和技术的应用。例如，美国工程与技术资格认证委员会对工程的定义为：工程可以利用通过研究、经验和实践所得到的数学和自然科学知识，有效开发自然的物质和力量，为人类利益服务。美国工程教育协会把工程定义为一种把科学原理、经验、判断和常识运用到造福人类的产品制造中去的艺术，是生产某种技术产品的过程或满足特定需要的体系。

随着社会的发展，科学技术的应用已经渗透到工程的每个阶段，工程的范围在不断扩大，工程的内涵也在不断发生变化。工程活动既不是单纯的科学应用，也不是相关技术的简单堆砌，而是科学、技术、经济、管理、社会、文化、环境等众多要素的集成、选择和优化。

综上，工程的定义为：特定人群（工程共同体）为达到某一相同的特定目标，有计划、有组织地应用现有科学知识、技术手段，充分且合理地利用自然资源及社会资源，在一定时期内通过群体协作建造出符合预期价值的人造物的社会实践活动。

1.2.2　工程的特点

由工程的定义可知，工程活动是利用各种要素的人工造物活动，其结果表现为新的事物或人工产品。工程对生态系统、政治、经济和文化等因素的发展产生一定影响，同时工程又受到自然生态规律，以及经济、文化发展水平的制约，这使得工程呈现出以下特点。

1. 导向性

工程是人类存在和发展的基础，工程的导向性主要引导工程师思考工程的本质是什么，工程为"什么人"服务，为"达到什么目的"服务。

2. 社会实践性

工程的本质是一种社会生产实践活动，其目的是满足人类的需要，造福人类。工程的社会实践性表现在两个方面：一是表现为众多行动者的积极参与，包括投资方、工程师、技术工人及受到工程影响的社会公众等；二是表现为工程对人类、社会和自然的影响。

3. 综合性和复杂性

随着现代科学技术的发展，工程活动业已成为一个包含自然、科学、技术、社会、政治、经济、文化等诸多要素的复杂体系，其综合性和复杂性具体体现在以下4个方面。

（1）知识和技术的综合与集成

工程活动按照一定目标，对知识与技术进行动态整合，解决技术难题，完成工程任务。例如，载人航天工程需综合运用信息科学、生命科学、气象学、材料学、能源与动力学等多方面的知识与技术。因此，工程活动是一个通过知识和技术的综合与集成实现创新的过程，最终造出新的人工物，以满足人们的现实需求。

（2）工程具有生命周期

工程的完整生命周期包括以下5个环节。

① 计划环节。该环节包括工程设想和决策，主要解决工程建造的必要性和可行性问题。

② 设计环节。该环节包括工程的设计思路、设计理念及具体施工方案设计等。

③ 建造环节。该环节依据工程设计完成新的人工物的制造，包括工程实施、安装、测试和验收等具体步骤。

④ 使用环节。工程在竣工验收后正式投入运营，以实现其经济效益或社会效益。

⑤ 结束环节。工程服务期满后，需要进行报废处理。

（3）参与要素的多样性

工程活动是一种集合多种自然资源与社会资源，协调多种利益诉求和冲突的极其复杂的社会实践。为了顺利完成工程项目，人员、技术、资金、装备等要素需要进行综合的优化与集成。例如，从参与工程活动的主体来看，工程活动需要众多具备不同的专长、担任不同的角色的利益相关者参与，主要包括工程师、业主、投资者、承包商、分包商、咨询人员、设计师、监理人员、政府、供应商、运营商、工人、管理者等。他们在工程活动中彼此配合，不断消除或协调相互之间的各种冲突与矛盾，将工程活动顺利向前推进。

（4）工程价值的综合性

所谓工程价值，是指人们从事工程活动所创造出来的一种特殊的价值，反映工程成果满足人类需要的程度。工程活动中利益主体的多元化及社会的要求和环境决定了工程价值的综合性，即工程价值包含经济价值、科学价值、政治价值、文化价值、管理价值、社会价值、生态价值。

① 经济价值

通常，能否最大限度地获取经济效益是判断工程活动是否具有价值的一个重要依据，也就是说，工程的经济价值和工程的经济性是评价一项工程是否具有价值的重要指标，即工程本身是否会带来经济效益，以及工程能以多小的投入获得多大的收益。

② 科学价值

在工程实践过程中，创造性地把各种先进的技术集成起来，促进技术发展和突破，研究出新的技术，或者发现旧技术的新用法，这就是科学价值的体现。例如，航天工程的科学价值在于为探索宇宙起源提供有力的支撑。

③ 政治价值

工程的政治价值表现为工程是出于某种政治目的而建造的，其极端表现为军事价值。

> **案例**
>
> ### "两弹一星"及其精神
>
> 1949年，面对敌对势力对国家安全的威胁，为了增强国防实力，保卫世界和平，党中央毅然决然做出发展"两弹一星"的战略决策。在中国共产党的坚强领导下，我国发挥集中力量办大事的制度优势，集全国、全民之力，抽调各方资源，组建科研队伍，自力更生、奋发图强，取得了核弹（原子弹、氢弹）爆炸、导弹飞行和人造卫星上天的辉煌成就。
>
> 在"两弹一星"的研制过程中，一大批优秀的科技工作者，包括许多身居海外、功成名就的科学家，怀着赤子之心，义无反顾地投身于"两弹一星"伟大事业。例如，杰出科学家钱学森历尽艰辛于1955年9月回到祖国，着手建立导弹研究院。化学家杨承宗放弃法国国家科学研究中心的优厚待遇，携带珍贵的10克碳酸钡镭标准源回国。核物理学家王淦昌从苏联回国，在领受研制核武器任务时，做出"我愿以身许国"的庄严承诺。空气动力学家郭永怀为了不给美国政府阻碍他回国的任何借口，在回国前将自己未完成的书稿付之一炬。回国后，他全身心投入核武器研制工作。当飞机遇险，他用自己的身体保护有重要价值的绝密文件。核物理学家邓稼先在美国获得物理学博士学位后的第9天就迫不及待回到祖国。在一次核试验中，他不幸受到核辐射，因身患癌症而离世。正是这些优秀的科技工作者，将个人理想与祖国命运紧密相连，将个人志向与民族复兴紧密相连，甘当无名英雄，在茫茫无际的戈壁荒原、在人烟稀少的深山峡谷付出了常人难以想象的代价，用自己的热血和生命谱写了一部爱国奉献的壮丽史诗。
>
> "两弹一星"是现代科技成果的融合和结晶，是一项规模庞大、技术复杂、综合性强的系统工程。"两弹一星"的成功一方面铸就了中国的核盾牌，奠定了中国国防安全体系的基石，给新中国的发展创造了一个相对和平、有利的国际战略环境；另一方面，"两弹一星"深刻影响着国际战略格局的演变，塑造了中国崭新的大国形象。
>
> 在"两弹一星"的研制过程中，广大科研工作者形成了"热爱祖国、无私奉献，自力更生、艰苦奋斗，大力协同、勇于登攀"的"两弹一星"精神，这是"两弹一星"研制取得成功的力量源泉和重要保证，彰显了自强不息的民族品格。"两弹一星"精神也已成为我们伟大民族精神的重要组成部分，为中华民族伟大复兴奠定了坚实的精神基础。

④ 文化价值

工程的文化价值在于工程为文化事业提供了基础设施、物质装备和技术手段，同时表现为在工程实践中所呈现出的工程精神。特别是近年来，我国对物质文化遗产及非物质文化遗产的重视，有助于增进民族和国家的自豪感和凝聚力。

⑤ 管理价值

工程往往需要融合众多人员、可用资金和自然资源等，从而使各个环节有序进行。一些富有成效的管理模式、方法和法规在确保工程有序进行方面发挥着越来越重要的作用。

⑥ 社会价值

工程成果能够改善人们的生活，提高人们的生活质量。"创新理论"鼻祖熊彼特曾经指出："新技术及其产品具有弥合社会阶层差距的作用。"当然，工程的社会价值不仅体现在积极的一面，工程也会造成一种创造性破坏。例如，新兴技术发展替代人工，从而使这部分人被迫失业下岗。

⑦ 生态价值

工程活动对自然环境造成的影响都是不可逆转的，特别是近年来工业化迅速发展过程中，工程活动的强度和规模越来越大，其对生态环境造成的影响越来越广泛。

一项工程是具有多种价值的综合体，尽管不同领域中的工程活动都有其主导价值，例如：涉及农业生产、工业生产的工程主要追求经济价值；政治领域的工程需要达到某种政治目的，强调政治价值；环保领域的工程致力于改善生态环境，凸显的是生态价值；军事领域的工程注重打击与防卫能力，首先着眼于军事价值；社会领域的工程，如致力于解决住房困难问题的安居工程、缓解城乡居民用水难的引水工程等，强调社会价值。因此，在实际工程活动中，为了促进社会和谐及人与自然的协调，我们需要在不同的价值之间做出权衡取舍和协调优化，应当避免和防止极端追求某一方面的价值，而牺牲其他方面的价值。

4. 不确定性

由于工程活动涉及多个参与主体，如投资人、设计师、工程师、公众等，以及技术、资金、设备等多种要素，这使得工程活动的整个生命周期不可避免地存在不确定性。所谓不确定性，是指不能确定和预料到的状况。人类的知识与技术总是不完备的，仍有许多未知的领域需要人类去探索。与此同时，人类的实践能力也有限，人们可能难以应对某些特殊的自然环境，在应用技术的过程中可能产生的一些后果也往往是人类无法预期的，这都导致工程具有不确定性。

5. 道德伦理的约束性

工程的最终目的是造福人类。但是，工程活动受到人类本身认知能力的局限，工程人员会受各种利益的诱惑，如果工程人员缺乏道德伦理的约束，工程可能会给人类带来毁灭性的影响。因此，工程在实践应用的过程中应该符合人类的道德伦理，工程人员应当正当行事，其行为应受到伦理道德的监视和约束。

> **案例**

原子弹和核电站

1938年，德国化学家奥托·哈恩和弗里茨·斯特拉斯曼在中子轰击铀的实验过程中，成功使铀核分裂为两部分。1939年1月6日，《自然科学》杂志发表了宣告"铀核裂变被发现"的论文。

原子核裂变现象的发现为人类提供了两条实用化途径：工业动力能源和军事能量释放。工业动力能够以造福人类为目的，让核裂变在人们的控制下，利用核反应堆中核裂变所释放出的热能进行发电。例如：中国自行设计建造的秦山核电站于1991年年底投入运行；大亚湾核电站于1987年开工，1994年全部并网发电，如图1.17（a）

所示。军事能量释放则是指利用原子核裂变瞬时释放的巨大能量所产生的爆炸作用，制造具有大规模破坏效应的武器。例如，在第二次世界大战后期，美国在日本的广岛和长崎投下两枚原子弹，代号分别为"小男孩"和"胖子"，"胖子"如图1.17（b）所示。原子弹的威力使这两个城市损失惨重，造成30万余人死亡和8万多人受伤。

（a）大亚湾核电站　　　　　　　　（b）投向长崎的原子弹"胖子"

图1.17　核应用

总之，任何一项工程，既是一个技术集成系统，又是社会、政治、经济、文化等方面的价值相互交织的系统。一项工程是否具有可行性及其最终的成败不仅取决于技术因素，还取决于多种非技术因素。因此，要树立以可持续发展为核心，人与自然、人与社会协调发展的现代工程观。

1.3　工程与科学、技术和艺术的关系

1.3.1　工程与科学、技术的关系

科学、技术和工程是人类活动的重要组成部分。所谓科学（Science），是指人类对各种事实和现象进行实验、归纳、演绎，从而发现规律，并对各种规律予以验证而形成相关理论体系。所谓技术（Technology），是指人类根据生产实践经验和自然科学原理，改变、控制、协调多种要素的手段和方法。

从总体上看，科学的核心是科学发现，技术的核心是技术发明，工程的核心是工程建造。科学、技术、工程三者之间既有区别，又有内在的联系。

1. 工程与科学、技术的区别

科学、技术、工程三者是不同类型的创造性活动，有着不同的研究目的、活动主体、研究方法、成果形式及评价标准，科学、技术、工程的区别如表1.1所示。

表1.1 科学、技术、工程的区别

比较内容	科学	技术	工程
研究目的	认识世界，揭示自然界的客观规律，解决自然界"是什么"和"为什么"的问题，增加人类的知识财富。科学的本质在于探索规律，获取新知识	改造世界，实现对自然的利用，解决改造自然界"做什么"和"怎么做"的问题，增加人类的物质财富	将人们头脑中的观念形态的东西以物的形式呈现，以获得新的人工物
活动主体	科学家和科学家共同体	发明家和研究人员	工程共同体，其中工程师是工程活动的核心力量
研究方法	实验、归纳、演绎、假说等探索性方法	预测、设计、试验、修正等方法	综合集成
成果形式	具有通用性知识形态的理论或知识体系	专利、工艺图纸、样品或样机等，具有商品性，可以转让和买卖	以科技成果为对象，将其进一步产业化
评价标准	以真理为准绳，判定是非正误	以功利为尺度，评价利弊得失	以"目标—计划—实施—监控—反馈—修正"的流程评价工程，工程达不到预期目标则意味着失败
示例	引力波的发现	原子能技术的开发	三峡工程

2. 工程与科学、技术的联系

科学、技术和工程之间的联系主要表现在以下几个方面。

（1）科学、技术、工程是联结人和自然关系的桥梁

科学、技术、工程都反映人和自然的能动关系。在处理人和自然的关系中，科学活动是以"发现"为核心的人类活动，它使脱离于人的天然自然在科学实践中转化为人化自然；技术活动是以"发明"为核心的人类活动，它使一种崭新的人工自然的诞生成为可能；工程活动是以"建造"为核心的人类活动，它将人工自然变为现实。显然，科学、技术和工程都是人类在处理人和自然关系的过程中所取得的成果，反映了由人和天然自然到人化自然再到人工自然的能动关系。

例如，居里夫人一生研究放射性现象，发现了镭（Ra）和钋（Po）两种放射性元素，开创了放射性理论，发明了分离放射性同位素技术。在她的指导下，人们第一次将放射性同位素用于治疗癌症。

（2）科学、技术、工程在历史进程中融合发展

在古代，技术和科学基本上处于分离状态，即技术的进步同理论科学没有直接联系。技术发展是依靠经验摸索、传统技艺的提高和改进来实现的。例如，作为中国古代四大发明之一的火药，人们发明火药的时候并不知道化学元素及化学反应方程式，只是知道这几样东西拼凑在一起会发生爆炸。这是一种以经验为主的特殊知识体系，继而使人们摆脱以木材、石材、铜和铁技术应用为基础的冷兵器，发明并使用以线膛枪、线膛炮为标志的热兵器。

随着社会的不断进步，科学、技术、工程的融合发展充分反映了从科学理论经由技术革命转化为现实生产力的过程。科学发现是技术发明的前提和基础，技术发明是科学发现的延伸和发展；技术是工程的前提和基础，是推动工程有序进行的手段；工程是技术的深化和拓展，并

为技术的成熟化和产业化发展开拓道路。

（3）科学、技术、工程都承载价值

科学、技术、工程本质上是价值中立的，但人类在其应用过程中使得科学、技术、工程具有了价值取向。例如，在对科学事实进行描述的过程中，由于受到人类的知识状态、认知水平、价值取向，以及政治、经济、社会等的影响，这些科学事实不再仅是对自然界的反映，而是科学家或科学家共同体约定或妥协的结果，这个结果蕴含价值的判断。同理，技术本身的发展也会受到多种因素的影响，技术也被赋予了价值的判断。工程作为人类的实践活动，代表不同利益集团的利益，工程不但承载着价值，而且还体现某个利益集团的价值。

1.3.2 工程与艺术的关系

艺术是人们认识客观世界的一种特殊方式，是以象征性符号创造某种艺术形象的实践活动，艺术最终以艺术品的形式呈现出来。艺术品既有艺术家对客观世界的认识和反映，也是艺术家的个人情感、理想和价值观等主观性因素的体现。

美国土木工程师协会章程指出：工程是把科学知识和经验知识应用于设计、制造或完成对人类有用的建设项目、机器和材料的艺术。这里把工程看作艺术，旨在通过塑造工程形象，反映社会生产和生活需求，强调实用、经济与美观的统一，强调工程师的想象力、创造力与工程管理（包括人、财、物、时、空、环境）的和谐统一。

工程与艺术的共同点在于：工程与艺术都需要创造，遵从道德向善或人文关怀的引导，以此满足人类对和谐审美的需求。二者的不同之处在于：工程要求在确保科学原理（如桥梁工程设计中的各项力学参数）和技术原理（如钢材的强度指标、水泥标号、沙石的比例等）准确的前提下，让外观形象具有艺术美感，如此，工程便成为满足社会功用和审美需求的有效载体。

因此，工程可视为科学（物理）、技术（事理）和艺术（灵魂）的有机结合，不仅满足人类的物质需要，也满足人类追求美的精神需求，让人们获得和谐、愉悦的心理感受。

案例

鸟巢和水立方

鸟巢和水立方分别是2008年北京奥运会的主体育场和主游泳馆，分别如图1.18和图1.19所示。钢结构的鸟巢和膜结构的水立方利用了建筑学、结构学、精细化工学、材料学、声学、光学、热工学等学科知识，同时体现了"天圆地方"的理念。

图1.18 鸟巢

图1.19 水立方

鸟巢的设计融入了绿色、科技、人文的设计理念，宛若用树枝编制而成的真实鸟巢，寓意"筑巢引凤""百鸟归巢"，象征着大聚会；同时，也意味着生意盎然、生机勃勃，象征着生命与运动，寄托着人们对未来的希望。鸟巢在建造上将中国传统文化中镂空的手法、陶瓷的纹路、灿烂和热烈的红色与现代的钢结构完美地融合在一起。鸟巢作为一座独特的标志性建筑，被誉为"第四代体育馆"，成为中国和世界建筑发展的见证。

水立方是世界上最大的膜结构工程。它根据细胞排列形式和肥皂泡的天然结构设计而成，建筑外围采用环保节能、形似水泡的聚四氟乙烯膜材料，这为场馆内带来更多自然光。水立方不但体现出结构的力量美，还给人们提供了享受大自然的浪漫空间。

1.4

工程精神

1.4.1 工程精神的内涵与基本特征

1. 工程精神的内涵

工程是一个各要素集成的复杂的动态系统，其活动本质上是造物活动，并不具有精神。但工程因为有"人"的参与，所以在实践中形成发自内心的共同信念和价值准则，这些信念和准则内化为一种精神，成为指导人们从事工程活动的行为规范和力量源泉，促进工程向善发展，这种精神称为工程精神。

工程精神来源于工程自身的需要，其主体是从事某一工程活动的工程共同体，工程精神蕴含着工程共同体的价值取向和行为取向。

2. 工程精神的基本特征

（1）导向性

工程具有导向性，在工程中孕育的工程精神也具有导向性。有了良好的工程精神导向，工程共同体就有共同的工程价值观念，遵循共同的行为准则，确立起一种以工程精神为灵魂的工程文化，形成一股积极向上的力量，这会激励工程共同体按照工程造福人类的基本原则从事工程活动，建造合格的好工程。

（2）调节性

优秀的工程活动不仅仅是造物活动，更是工程精神的塑造过程。工程精神贯穿整个工程的每个环节，协调各因素之间的相互作用，一方面将工程共同体成员之间的感情密切地联系起来，另一方面调节工程与社会之间的关系，满足社会民众对工程的要求。

（3）辐射性

工程精神作为工程活动的灵魂，随着工程的发展而不断发展，例如载人航天精神是"两弹一星"精神在新时期的传承和发扬。同时，工程精神也成为一种普遍的社会精神，渗透进社会的各个层面，为人类精神文明建设注入新的"血液"。

1.4.2 工程精神的构成要素

1. 尊重规律，知行合一的求真务实精神

工程活动是人类利用客观规律改造自然，谋求自身的生存和发展的活动。这就要求从事工程活动的人们在掌握一定理论知识和技术的前提下，必须尊重客观规律，一切从实际出发，摒除弄虚作假，做到知行合一，以严谨求实的态度解决工程活动过程中所面临的难题，以实现工程的可持续发展。这正如詹天佑所说："在实践中求希望。"

2. 勇于开拓、善于集成的创新精神

工程的造物活动在于创造出满足人们需求的新事物，工程创新不仅是工程的本质要求，也是推动工程持续发展的动力源泉。工程创新是技术要素与非技术要素的集成创新。例如，上海金茂大厦就是集成创新的典范，它采用了钢与混凝土组合结构技术、超高泵送混凝土技术、建筑智能化系统应用技术等多种先进的系统集成技术。

3. 分工合作、有效沟通的团队精神

随着现代工程的日益复杂化，工程建设从简单到复杂、从劳动密集型到技术密集型、从分散型到生产集中型，工程建设的难度在不断加大。因此，单凭一个人不可能完成工程建设活动，个体需要将自己融入团队，团队成员各司其职，才能更好地发挥个体的作用。例如，"两弹一星"工程、载人航天工程等都体现了团队精神。

4. 注重责任担当、强调伦理意识的工程伦理精神

工程作为一项复杂的社会活动，跟伦理是分不开的。工程伦理精神不仅对工程起着重要的评价和调节作用，也是做好工程的重要因素。

1.5

本章小结

工程是人类赖以生存的一项集技术要素和非技术要素于一体的社会实践活动，其目的是造福人类。从工程发展的历史来看，工程经历了从古代以经验技术为基础到现代以科学理论、科学规律为基础的工程造物活动阶段。工程主体也从古代的工匠发展到现代的工程师乃至工程共同体。工程融合了科学、技术和艺术，集合众多因素，具有导向性、社会实践性、综合性和复杂性、不确定性以及道德伦理的约束性等特点。工程因人类的主观因素被赋予了价值，人类在长期的工程实践活动中还形成了工程精神。

1.6

本章习题

1. 何为工程？工程的演变过程是怎样的？

2. 简述科学、技术与工程的区别和联系。

3. 制作小板凳需要运用哪些学科知识？

4. 列举两个你认为最重要的人类工程成就并阐述理由。

5. 工程具有经济、政治、文化、科学、社会、生态等多方面的价值，但为什么我们往往只看到单维度的工程价值（如经济价值）呢？

6. 结合本章介绍的坎儿井案例，查阅资料，分析坎儿井的工程价值。

7. 你是如何理解工程精神的？你认为新时代中国工程精神包含哪几个方面的内容？

8. 结合本章红旗渠案例，进一步查阅相关资料，回答以下问题。

（1）如果你是当时的林县县委书记，你是否会选择在如此困难的情况下进行红旗渠水利工程的建设？为什么？

（2）如果你是林县的一名普通群众，你愿意积极参与红旗渠水利工程的建设吗？为什么？

（3）你认为建设红旗渠水利工程有何意义？

（4）你认为建设红旗渠水利工程对未来的工程实践有何启发？

9. 结合本章京杭大运河案例，查阅资料，回答以下问题。

（1）京杭大运河作为南北内河航运的重要通道，为什么能够持续发挥作用？

（2）京杭大运河在开凿过程中遇到了什么困难？是采用什么技术手段解决的？

（3）假设你是当时监督工程的官员，按照部署应如期完工，但这有可能给人民的生命财产安全造成威胁，你会如何做？

第2章

理解工程伦理

　　随着工程复杂性不断提升及新兴技术应用的不确定性增加，工程中隐含的伦理道德问题日益凸显，能否妥善处理这些问题也成为决定工程成败的关键因素之一。本章首先阐述道德和伦理的内涵及其关系，然后阐述不同的伦理立场与伦理困境，介绍工程伦理的定义及问题特点、工程伦理问题的产生与处理、工程伦理责任，最后阐述工程伦理教育的意义与目的。

　本章学习目标

　（1）理解和掌握道德和伦理的内涵及其关系。

　（2）了解不同的伦理立场与伦理困境。

　（3）理解和掌握工程伦理的定义及问题特点、工程伦理问题处理原则及思路。

　（4）掌握工程伦理责任的内涵、特征、主体及类型。

　（5）了解工程伦理教育的意义与目的。

怒江水电开发

怒江（见图2.1）是一条位于中国西南的河流，该河流的中下游因径流丰沛而稳定、落差大、水能资源丰富，成为我国尚待开发的水电能源基地之一。

2003年8月，国家发展和改革委员会通过了由云南省制定的《怒江中下游水电规划报告》。该规划报告制定了以怒江中下游的松塔和马吉为龙头水库，丙中洛、鹿马登、福贡、碧江、亚碧罗、泸水、六库、石

图2.1 怒江

头寨、赛格、岩桑树和光坡等梯级组成的"两库十三级"开发方案。该方案全梯级总装机容量为2 132万千瓦，比三峡大坝的总装机容量多300万千瓦，年发电量为1 029.6亿千瓦。该规划报告一出，拉开了长达10余年关于怒江水电开发争论的序幕。怒江水电开发也由此成为环保与发展争议的标志性事件，被外界视为中国乃至全世界水利开发受制于环保因素的典型案例。

在这个案例中，支持方认为我国水资源丰富，但是其利用率低，大量使用煤炭发电不利于我国的可持续发展。而怒江水电开发具有径流量大、搬迁人口和淹没土地少、开发任务单一、开发成本低等特点。同时，怒江流域附近的群众生存环境恶劣，怒江水电开发可以改变该地区群众"靠山吃山，靠水吃水"的境况，成为该地区发展致富的重要途径。按照规划报告，怒江中下游共开发13个梯级电站，总投资896.5亿元，可带来40多万个长期就业机会，电力行业不但能够成为地方新兴的支柱产业，同时能够带动地方建材、交通等第二、三产业的发展，促进财政增收，实现资源开发和环境保护双赢。

反对方认为怒江是我国相对完整的原生态江河，怒江水电开发会破坏当地的自然景观，改变自然河流的水文、地貌及河流生态的完整性和真实性，影响作为世界自然遗产的怒江的生物多样性、珍稀濒危物种数量及自然美学价值，破坏怒江地区多民族聚居的独特地方文化，影响怒江的旅游业发展，以及由怒江水电开发所产生的移民问题不易解决。

2013年1月，国务院印发《能源发展"十二五"规划》，该规划将怒江松塔水电基地列为重点开工建设项目，怒江干流六库、马吉、亚碧罗、赛格等项目则被列为有序启动项目。至此，怒江水电开发由"两库十三级"调整为"一库四级"。

思考

一项规划中的水电开发工程何以引发如此广泛的争论？人们从事工程活动时会面临哪些工程伦理问题？该如何解决？

2.1

道德和伦理

2.1.1 道德的内涵

道德的概念可追溯到中国古代思想家老子的《道德经》。老子说："道生之，德畜之，物形之，器成之。是以万物莫不尊道而贵德。道之尊，德之贵，夫莫之命而常自然。"

古汉字中的"道"如图2.2（a）所示，从古汉字的"道"可以看出，左右两边的笔画构成一个"行"字，表示四通八达的大道，中间部分代表一个人，整体字形为一个人在大道中行走。因此，所谓"道"，最初是指由此达彼的道路，道是有方向的，人循道而行才不会迷失方向并抵达目的地；后引申为正确的规则。"道"有天道与人道之分，天道是指万事万物运动变化的规律，人道是指做人的原则与道理。人道源于天道，从于天道。

古汉字中的"德"如图2.2（b）所示，甲骨文的"德"外框是"行"字形，中间有个"眼睛"，"眼睛"上部有个指示方向的"丨"。这个字表明人必须眼睛直视前方，才能行得正、走得直。金文的"德"在此基础上稍做变化，并添加了"心"字，表示目正心正才算德。篆文的"德"由"心""彳""直"3个部分组成，表明心行一致即是德。东汉刘熙对"德"的解释是"德者，得也，得事宜也"，大致意思是"德"就是把人与人之间的关系处理得合适，使自己和他人都有所得。许慎在《说文解字》中对"德"的解释为"德，外得于人，内得于己也"，即以善德施于他人，使他人各得其所，以善念存于心中，使善念各得其所。

早期金文　晚期金文　　　　　甲骨文　金文　篆文

（a）"道"字　　　　　　　　　（b）"德"字

图2.2　古汉字的"道"与"德"

在汉语中，"道"是人们对必然性、合理性和正当性的认识、理解，以及在此基础上形成的观念与实践，即对应然性的理解与把握；"德"是人们在认识、理解和实践"道"的基础上形成的良好修养与德行。在中国传统文化中，道德被理解为在人们对"道"的认识与实践基础上形成的"德行"，即内在品质。因此，道德通常指符合社会公德的个人思想行为的规范准则。

2.1.2 伦理的内涵

"伦理"最初见于《礼记·乐记》中的"凡音者，生于人心者也。乐者，通伦理者也"，泛指事物上下高低的排列组合规则。

"伦理"的"伦"既指"类"或"辈"，又指"条理"或"次序"，凡是秩序都可称"伦"。"理"

的本义是"治玉"，即顺着玉石的纹路把玉从石中雕琢出来，后引申为事物和行为当然的规则和道理。许慎在《说文解字》中指出："伦，辈也；理，常道也。"

在中国传统文化中，伦理主要是指血缘亲属之间的礼仪关系和行为规范，后引申为处理人伦关系的道理或规则，即人伦天然秩序中蕴含的道理。例如，《尚书·舜典》中提出，在家庭关系中应当是父义、母慈、兄友、弟恭、子孝，而且要有相应的礼规维系家庭的伦理秩序。孟子提出的"五伦说"，即父子有亲、君臣有义、夫妇有别、长幼有序、朋友有信，展示了父子、君臣、夫妇、兄弟、朋友等关系应当遵循一定的道理和准则。因此，伦理相对于道德而言，是指在人与人交往中形成的人际关系，以及群体处理这些关系时共同认定的行为规范准则。伦理本质上是一种应然性关系或有序关系，内蕴规范性要求。

2.1.3　道德和伦理的关系

1. 道德和伦理的联系

道德和伦理都被用来描述人在行为活动中形成的习惯品质，都以向善为目标，并以此对人们行为的对错、个体品质的善恶进行判断和表达，从而在一定程度上调节社会成员之间的关系。

伦理是道德形成和发展的基本前提和客观依据，道德深植于客观的伦理关系之中，是伦理的具体体现，伦生理，理成道，道化德。有学者指出："伦理旨在为人类文明和社会发展提供良好的秩序，而道德则使科学发展和人民幸福成为可能。"

2. 道德和伦理的区别

道德和伦理的区别如表2.1所示。

表2.1　道德和伦理的区别

区别内容	道德	伦理
约束对象或主体	突出个人因遵循规则而具有"德性"，主要体现追求利益的个体与自我良知的对话	突出人与人之间的关系所遵循的规范，主要体现个体之间的民主性对话，从而达成利益关系上的共识
特性	自律性、独特性、个体性、主观性	他律性、普遍性、社会性、客观性
价值核心	道德的价值核心是德性与善，其本质是个体心灵秩序的完善和追求，呈现出对自我价值追求的个体性差异	伦理的价值核心是正当，其本质是社会成员的公平与正义，着眼于社会利益和整体秩序的协调、稳定和持续发展
演变过程	人们因长期遵行一定的风俗习惯而形成个人品性和德行	一定区域内的人们在人与人长期互动中形成对风俗习惯和伦常秩序的公共意识和规则
示例	"孝"是中国人的传统美德，其本身是一个人的道德行为，而子女对父母尽孝则是一种伦理关系	

2.2
伦理立场与伦理困境

2.2.1　不同的伦理立场

从古到今，人们不断探索和争论什么事情"应当"做，什么事情"不应当"做，以及如何正当行事，这就形成了不同的伦理立场。

1. 功利论

（1）功利论的主要观点

功利论，亦称为后果论或者效益论。中国战国时期的思想家墨子以功利言善，是早期功利主义的重要代表。宋朝思想家陈亮主张"功到成处，便是有德"，叶适进一步发展陈亮的功利主义思想，在重视个人合理私利的基础上，提倡为天下兴利。

功利论认为："一种行为如果有助于增进幸福，就是正确的，否则就是错误的。"这意味着幸福不仅涉及行为的当事人，也涉及受该行为影响的每一个人，其最好的结果就是达到"最大的善"。因此，功利论聚焦于行为的结果为"善"，并以此判断该行为是不是符合伦理。

（2）功利论的判断原则

① 根据行为的结果判断行为的对与错，而无论行为的动机正确与否，只要有好的结果行为就是正确的，这体现了实用哲学。

② 判断是非的标准是大多数人获得最大的幸福，这体现了博爱的思想。

③ 追求个人幸福应顾及社会大众的幸福，这体现了民主精神。

（3）功利论在工程中的应用

在工程实践中，功利论是人们探讨工程伦理问题时最容易采取的伦理立场，比如将公众的安全、健康和福祉放在首位是大多数工程伦理规范的核心原则，功利论是解释这个核心原则最直接的工具。在工程决策中，成本效益分析法就是对功利论的具体应用，能够帮助决策者在结果和行为之间进行权衡，以便最大限度地获得效用。

2. 义务论

（1）义务论的主要观点

义务论亦称"道义论"，是指人的行为必须遵守道德原则和规范，从而实现个人对社会（包括他人）应尽的义务。

中国的义务论可以追溯到西周时期。当时的伦理思想家周公利用人们的天命观，将道德、政治联为一体，提出"以德配天""敬德保民"的政治伦理思想，认为统治者担负着"保民"的道德义务。同时，统治者出于维护宗法等级制度的需要，把宗法等级制度称为"礼"，并对民众提出了"孝"和"忠"的道德义务要求。礼既是道德规范的基础，又是通过道德规范来规定和表现的。例如，春秋时期的儒家思想倡导"取义成仁"，不能"趋利忘义"，认为"君子喻于义，小人喻于利"。《荀子·修身》指出："人无礼则不生，事无礼则不成，国家无礼则不宁。"荀子认为"礼"对社会非常重要，提出了以"礼"为核心的道德规范体系。

（2）义务论的判断原则

① 义务论强调道义和责任，注重行为本身是否遵循道德规范，不关心行为的结果。

② 义务论认为任何人只能作为目的本身，而不应当成为他人达到目的的手段。

③ 义务论以维护群体利益为出发点，强调群体利益高于或先于个人利益，并把是否遵守道德规范作为评价个体行为是否正当的依据。

（3）义务论在工程中的应用

义务论关注人们行为的动机，判断工程师在工程活动中所做出选择的动机是不是合乎道德要求是义务论在工程实践中的体现。

3. 契约论

（1）契约论的主要观点

契约是指双方或多方共同协商订立的有关买卖、抵押、租赁等关系的文书。契约论以订立契约为核心，把个人行为的动机和规范看作一种社会契约，并指导人们按照契约行动。例如，中国传统文化强调"义利相兼，以义为先"的价值理念。

（2）契约论的原则

当代契约论的代表人物——美国学者罗尔斯提出以正义作为基本的道德原则，并提出了正义伦理学的两个基本原则，即个人自由和人人平等的"自由原则"，以及机会均等和惠顾最少数不利者的"差异原则"。

所谓自由原则，是一种免除某种限制，平等分配人们的基本权利和义务的原则。自由作为一项权利，对于每个公民而言是平等的，这也是人的道德人格所决定的。人的道德人格具有两个特点：一是有能力获得善的观念，二是有能力获得正义感。

所谓差异原则，是指调节社会和经济利益的原则。这种调节无法做到完全平等，只能保证机会的公平。为了保证所有人都能平等地获取机会，就需要以公正为目标进行相关的制度设计。

（3）契约论在工程中的应用

实际上，传统风俗和行为习惯正是不同形式的社会契约不断发展而形成的伦理规范。契约论对于推进社会民主进程起到了非常重要的作用。例如，工程伦理最初作为工程师职业道德行为守则而产生，通过建立于经验之上的社会契约达成理性的共识并实现制度化，成为具体行业的行为规范。工程伦理既把公众的安全、健康和福祉放在首位，也认同工程师有追求自己正当利益的基本权利，从而成为约束工程师在工程活动中的价值判断与行为取向的一种契约。

4. 德性论

（1）德性论的主要观点

德性论亦称为美德论。美德能够给人带来积极的力量。德性论所讨论的主要问题是：道德上完美的人是什么样子的？人如何实现道德完美？

在中国传统伦理思想中，孔子认为"仁"属于人的内在品德，立足于"仁"的观念，提出了孝悌、忠信、智勇、中庸、礼义、温、良、恭、俭、让、宽、敏、惠、刚、毅等概念来反映人的品德状况，把具备完美德性的人称为"仁人"或"君子"，把与此相反的人称为"小人"。孟子认为"仁也者，人也"，即人人都有"不虑而知"的"良知"和"不学而能"的"良能"，良知、良能合起来就是良心。《礼记·大学》提出"明德""亲民""止于至善"的"三纲领"和"格物""致知""诚意""正心""修身""齐家""治国""平天下"的"八条目"，这使其成为德性论的代表作。

（2）德性论的原则

① 美德是人的一贯做法体现出的行为特征，这种行为特征可以由低到高进行评价，至少应该有善与恶的评价。

② 美德的最低限度是不故意伤害他人。

（3）德性论在工程中的应用

在工程活动中，职业标准规定了工程师什么应该做、什么不应该做，美德是促使工程师达到职业标准的精神动力。

功利论、义务论、契约论这3种伦理立场主要以"行为"为中心，关注的是"我应该如何行动"；德性论以"行为者"为中心，关注的是"我应该成为什么样的人"。功利论、义务论、契约论、德性论的主要区别如表2.2所示。

表2.2 功利论、义务论、契约论、德性论的主要区别

功利论	义务论	契约论	德性论
道德评价对象为"结果"，强调行为产生的结果是善的，并努力寻求幸福最大化	道德评价对象为"行为本身"，强调行为本身应当符合规范	道德评价对象为"程序的合理性"，强调达成契约之后，应按照契约行动	道德评价对象为"行动者"，关注"我应该成为什么样的人"，强调行动者个人的品质

2.2.2 伦理困境与选择

不同的伦理立场从不同的角度出发，对"什么是正当的行为"有各自的理解。但是，由于价值标准的多元化及人类生活本身的复杂性，人们在具体的实践情境之下常常陷入道德判断和抉择的两难困境，这种困境被称为伦理困境。

1. 电车悖论

牛津大学哲学教授菲利帕·福特于1967年提出国际伦理学领域著名的"电车悖论"，如图2.3所示。这个悖论的主要内容是，一辆电车在行进过程中刹车发生故障，当电车到达一个铁路岔路口时，司机可以通过扳动拉杆改变电车的运行轨迹，从而使电车在岔路口处的两条轨道中的任意一条上继续行进。但是，这时一条轨道上躺着1个人，另一条轨道上躺着5个人，那么司机是选择牺牲1个人还是选择牺牲5个人？

一位名叫汤姆森的美国哲学家，将电车悖论进一步复杂化，如图2.4所示。其基本内容是，有5个人躺在电车轨道上，有1个胖子恰好在轨道上方的一座桥上。如果把胖子从桥上推下去，他可能会阻止电车的前行，从而使这5个人获救。那么你会不会将胖子从桥上推下去？

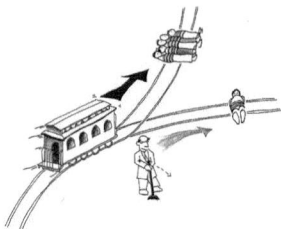

图2.3 菲利帕·福特版本的电车悖论

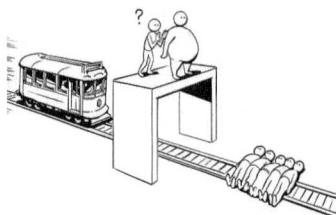

图2.4 汤姆森版本的电车悖论

2. 伦理选择

哈佛大学心理学家马克·豪泽在网络上通过匿名的方式就电车悖论的两个版本做了调研。在菲利帕·福特版本的电车悖论中，人们大都愿意扳动拉杆，选择牺牲1个人去拯救5个人；而在汤姆森版本的电车悖论中，绝大多数人不愿意通过推胖子的方式拯救轨道上的5个人。

从功利论的角度看，牺牲一个人会带来最大的善，当必须做出放弃一方的决定时，根据"大多数人获得最大的幸福"的原则，人们会选择牺牲少数人的生命以挽救多数人的生命。但是，功利论面对的一个主要问题是：生命是无价的，没有人有权利，也没有人有能力去衡量5个人的生命重要还是1个人的生命重要。然而，一旦扳动拉杆，你就做出了不道德的行为，必须为失去生命的那一个人负责。

从义务论的角度看，无论牺牲1个人还是牺牲5个人，可能都会与其判断原则形成巨大的冲突。义务论认为人是目的，不是工具，不能简单认为5个人的生命比1个人的生命重要。不伤害人是道德义务，救人亦是道德义务，当这两种道德义务发生冲突，义务论则要求人们在面对此类两难选择时不作为。但是人们选择不作为就意味着见死不救，并且是能救而不救。义务论无法指导人们当遇到两难选择时应该做出怎样的行为，因为义务论既没有考虑到人们具有各种不同的义务，也没有给出当人们在履行义务时应当遵循的优先次序。

从契约论的角度看，电车悖论中的人的生命与你的自身利益毫无关联，但是如果躺在轨道上的人与你存在利益关系，其丧失生命可能导致你的利益受损，这时你会毫不犹豫地维护与你有利益关系的人。你虽然维护了自己的利益，但间接损害了与你无利益关系的人的利益，这是一种公开形式的个人主义，即利己主义。利己主义只有在不损害他人利益的时候才具有正当性。因此，契约论没有解决个人利益适度让渡的道德情操问题。

从德性论的角度看，如果人们选择拯救5个人的生命或1个人的生命，人们就具备了救人的美德，但也间接背负了谋害他人的罪名，这会使人们陷入两难的境地。德性论亦不能指导人们当遭遇两难选择时应该做出怎样的选择。

由此可见，功利论容易忽视社会公正问题；义务论无法解决多重义务之间的冲突，如法律义务（保家卫国）和信仰义务（拒绝战争）；契约论不能解决多种权利冲突时的伦理问题，如堕胎问题中母亲的隐私权和婴儿的生命权等。美德论希望能拯救所有人，但往往事与愿违。类似电车悖论的问题难以解决的关键在于，大多数人在面对这类情况时，都会对道德和公平公正进行评估。电车悖论比较形象地表达了人们在实践过程中可能会面临的伦理困境，这也说明没有一种普遍适用的伦理立场能够使人摆脱每一个实际应用情景下的伦理困境。人们需在一个有限的道德选择和伦理行为的范围内，通过道德慎思为自己的伦理行为划分优先顺序，审慎思考和处理伦理关系，以更好地在工程实践中履行伦理责任。

我国倡导的社会主义核心价值观——富强、民主、文明、和谐，自由、平等、公正、法治，爱国、敬业、诚信、友善，为人们摆脱伦理困境提供了一个解决方案。富强、民主、文明、和谐是国家层面的价值目标，自由、平等、公正、法治是社会层面的价值取向，爱国、敬业、诚信、友善是公民个人层面的价值准则。社会主义核心价值观为国家、社会及个人的发展提供了价值导向和精神动力，是对不同伦理立场的综合运用，能激励我们为实现中国梦而不懈奋斗。

2.3
工程的伦理视角

2.3.1 工程伦理的定义及问题特点

1. 工程伦理的定义

人类的吃、穿、住、行等日常生活依赖于工程的成果——人工造物，我们既可以把工程看作由人、物料、设备、能源、技术、资金、管理等要素构成的系统，也可将工程看成一个子集，其与外部环境中的自然、经济、政治、文化、社会、伦理等要素共同构成一个大系统。只有当工程与外部环境构成的大系统内的各个要素处于协调状态时，工程活动才可能顺利实施。然而，在具体的工程实践中，人们发现人类从事工程活动不可避免会打上工程人员个人价值观和个人喜好的烙印，工程活动的结果往往事与愿违。因此，人们期望通过寻找一种约束条件来减少工程活动给人类造成的损害，工程伦理应运而生。由此可见，工程本身就带有伦理问题，工程伦理成为工程活动固有的组成部分。

工程伦理（engineering ethics或ethics in engineering）以工程活动中的社会伦理关系和工程主体的行为规范为研究对象，规定从事工程活动的人在工程的全生命周期中必须遵守限定工程与人、工程与社会、工程与环境之间关系的伦理道德原则和规范。

工程伦理在工程的全生命周期的不同阶段具有不同的内涵。例如，在工程决策阶段，工程伦理就是指尊重自然，遵循自然规律，民主决策，注重公平正义，注重利益协调；在工程设计阶段，工程伦理就是指恪尽职守，有效降低工程风险；在工程建造阶段，工程伦理就是指尊重文化传承，尊重风俗习惯，主动承担职业责任、社会责任和环境伦理责任，使工程活动与社会、自然和谐共处；在工程使用阶段，工程伦理就是指尊重科学，尊重人性，合理评估，协调和处理好工程实践中的各种关系；在工程结束阶段，工程伦理就是指注重生态环境保护，践行责任关怀理念，实现可持续发展。

在工程的设计、建设、运营和管理的各个流程活动中，与工程相关的各个利益主体为了追逐各自利益的最大化，往往会忽视伦理、道德的约束，使得其他相关利益主体或工程本身发生损失成为可能，这就是工程伦理风险。工程伦理风险是不同的利益主体针对具体工程活动所做价值排序和道德决策而产生的不确定要素的集合，直接影响利益主体所承担的道德结果和伦理责任。因此，工程伦理的重要性在于它对利益主体从事工程活动中的不规范行为进行制约，解决从事工程活动的人们的思想和价值取向问题及现实工程伦理困境问题，重塑工程生态。进入21世纪之后，诸如基因编辑技术、大数据技术、人工智能技术等新型技术引发了新的工程伦理问题，对人们如何制定新的伦理规范和准则来解决这些工程伦理问题提出了新的挑战。

2. 工程伦理问题的特点

工程伦理反映工程活动的本质要求，工程伦理问题是指在工程活动过程中所发生的伦理问题，主要涉及在工程的全生命周期中工程与自然、工程与社会、工程与人，以及由此衍生出的人与人之间关系的伦理问题。工程伦理问题具有具体性、历史性、复杂性、社会性的特点。

（1）具体性

工程活动是人类改造和利用自然规律的过程，其结果是改善人类生存的条件，促进人类社会和谐发展和个人的自我完善。工程活动能否达到这一结果，取决于人类价值取向是否一致，这也是工程活动是否产生伦理问题的关键。工程活动是具体的，是为达到一定工程目的而开展的活动，因此，工程活动中所呈现的工程伦理问题也是具体的。

（2）历史性

工程伦理问题的历史性源于一定的历史文化背景下人文情感与科学理性的综合作用。例如，工程伦理责任经历了从忠诚责任到社会责任，再到自然责任的转变；工程伦理主体从工程师共同体拓展成包括工程共同体、企业家共同体和公众共同体在内的多个群体；工程伦理关注的焦点问题也从工程师面临的道德困境和职业规范问题发展为同时关注其他共同体的道德选择和道德困境。

（3）复杂性

由于工程与科技、社会及环境之间都建立了极为密切的联系，工程伦理问题也呈现出复杂性。其复杂性主要体现为：①利益主体的多元化，即利益主体不仅包括工程师、管理者、决策者、工人等众多工程共同体成员，还包括外部公众等；②多因素交织，即工程伦理问题融合了政治、经济、文化、自然等多种要素，呈现出多主体、跨区域、跨领域及跨文化合作的多元化趋势；③工程活动中技术的高度集成带来工程的不确定性，工程失效的可能性增加。

（4）社会性

工程活动的社会性决定工程伦理问题的社会性，如何平衡参与工程各群体之间的利益，争取实现各群体利益最大化，实现公平与效率的统一，是工程伦理需要着重解决的问题，该问题是否得到妥善处理也是衡量工程活动好坏的重要标准。

2.3.2 工程伦理问题的产生与处理

1. 工程伦理问题产生的原因

在工程活动中，工程伦理问题常常与社会问题、环境问题等其他问题交织在一起。面临工程伦理问题的主体分为个体维度和共同体维度，其中个体维度主要有工程师、投资者、决策者、管理者及使用者等，共同体维度主要是指工程组织。

在工程活动中，工程伦理问题主要来源于以下3个方面。

（1）工程主体伦理意识缺失或者对行为后果估计不足

在工程活动中，工程主体若缺乏伦理意识，会无法辨识工程活动中的工程伦理问题，或者工程主体由于对工程活动的认知不到位，未考虑到某些环节会对环境或者其他人群造成不良影响。例如，化工厂和造纸厂的工程活动是否对空气和水造成污染，并由此损害公众的健康；核电站是否存在泄漏和辐射的安全隐患；工程涉及的移民或拆迁问题所造成的损失是否得到公正合理的补偿；等等。

（2）工程相关的各个利益主体发生利益冲突

工程活动中各个利益主体均有各自的利益诉求，当各个利益主体的利益诉求得不到满足时，特别是工程的投资方的利益诉求与公众的安全、健康和福祉存在严重的冲突时，极易产生工程伦理问题。

（3）不同伦理准则与规范的不一致

例如，对个人而言，隐私权是神圣不可侵犯的，但对于国家而言，国家安全则是第一位的，这可能导致个人与国家对隐私权的伦理判断存在冲突，从而产生伦理问题。

2. 工程伦理问题处理原则

人们在处理工程伦理问题时应遵循以下3个原则。

（1）以人为本原则

以人为本原则是人们处理工程与人之间关系的一项基本原则，是工程伦理观的核心。"以人为本"是我国春秋时期的思想家管仲提出的。《管子·霸业》认为，"夫霸王之所始也，以人为本，本治则国固"。中国古代相关文献亦提出"民为邦本""民为贵"等观点。因此，坚持以人为本，贯彻以人民为中心的发展思想，促进社会全面进步和人的全面发展，让人民群众的获得感、幸福感、安全感更加充实、更有保障、更可持续，是构建社会主义和谐社会的重要内容。

以人为本原则要求尊重人的生存权，确保工程活动的安全性，将公众的安全、健康和福祉置于首位，尽可能避免工程给人造成伤害。不伤害既是人们对工程的最基本的要求，也是工程主体应坚守的伦理底线。以人为本原则体现了工程主体对社会公众的关爱和尊重，以及对社会可持续发展的关注。

（2）社会公正原则

社会公正原则是人们处理工程与社会之间关系的一项基本原则。所有社会成员均享有平等的价值和普遍尊严，有权决定自己的最佳利益。社会公正原则体现在工程的全生命周期中，即工程主体需要兼顾强势群体与弱势群体、主流文化与边缘文化、受益者与利益受损者、直接利益相关者与间接利益相关者等各方的利益诉求。同时，工程主体还需要兼顾工程对不同群体的身心健康的影响。

（3）人与自然和谐发展原则

人与自然和谐发展原则是人们处理工程与自然关系的一项基本原则。要想做到人与自然和谐相处，人们要认识到工程活动不能满足所有人的所有需要，而应主要满足以社会公众为主体的有限需要。人类一方面开发利用自然资源，另一方面应珍爱自然、顺应自然，维护生态平衡。

首先，人类要遵从自然规律，其中包括物理定律、化学定律等规律，因为这些规律具有相对确定的因果性。例如，建筑物如果不符合力学原理就会倒塌，化工厂排污不得当就会引起环境污染。其次，人类需要遵从自然的生态规律。生态规律具有长期性和复杂性，大型水利工程、垃圾填埋厂对水系生态系统和土壤生态系统造成的不良影响，往往在若干年后才得以显现，由此造成的损失也较难挽回。

3. 工程伦理问题处理思路

有专家团队提出了工程师在道德两难情景中处理工程伦理问题的步骤。

第一步：检查其适法性，即判断事件本身是否触犯了法律法规。

第二步：判定是否符合群体规则及共识，即根据相关专业规范、组织章程及工作规则等，判断事件是否违反群体规则及共识。

第三步：专业价值判断，即依据本身专业知识及价值观判断事件的合理性，并以诚实正确的态度判断事件的正当性。

第四步：阳光测试，即判断自身所做的决定是否可以得到社会的支持。

从上述处理步骤可以看出，工程师在解决工程伦理问题时，一要判断工程是否合法，二要判断工程是否合规。工程师在工程合法、合规的基础之上，应结合专业价值及公众利益等因素进行综合考量。

基于以上4步，人们处理工程伦理问题的基本思路如图2.5所示。只有培养工程伦理意识，才能够发现工程伦理问题。当面对工程伦理问题的时候，人们需要将伦理原则与具体情境及底线原则相结合，得出一个最优方案。而在处理工程伦理问题的过程中，伦理问题和伦理原则存在着一种互动关系，即根据伦理问题，不断修正和完善原有的伦理原则，获得新的伦理原则。

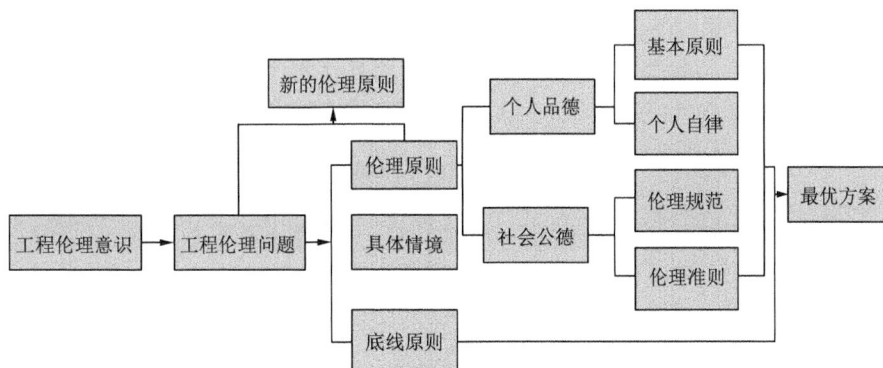

图2.5 处理工程伦理问题的基本思路

（1）培养工程主体的工程伦理意识

工程伦理意识是解决工程伦理问题的第一步，许多工程伦理问题是由工程主体缺乏必要的工程伦理意识造成的，特别是一些工程决策者和管理者缺乏工程伦理意识，还会使工程师及其他工程主体陷入伦理困境。因此，不仅工程师需要培养工程伦理意识，其他工程主体同样也需要培养工程伦理意识，以增进伦理决策的能力和智慧。

（2）利用伦理原则、底线原则与具体情境相结合的方式，化解工程伦理问题

伦理原则包括个人品德和社会公德。底线原则即为不伤害原则，不伤害自己、他人及生态环境。具体情境是指工程实践发生的相关背景和条件的组合。对于每一位工程主体而言，汲取不同伦理立场的合理之处，听取多方意见，恰当地处理各种伦理关系，才能有效化解工程伦理问题。

（3）根据遇到的工程伦理问题，及时修正相关伦理原则

伦理原则是逐步形成的，工程主体应随着时间和具体情境的变化及工程实践中遇到的工程伦理问题，不断修正和完善伦理原则。

（4）建立遵守伦理原则的相关保障制度

目前，我国的工程行业规范、工程师行为规范等伦理原则日趋完善，但对遵守相关伦理原则的保障制度却并不完备，这就导致工程师等工程主体在雇主要求和伦理原则发生矛盾的时候，难以有效维护自身权益。因此，建立遵守伦理原则所需要的相关保障制度对促进工程伦理问题处理的制度化具有重要的意义。

2.3.3 工程伦理责任

在当今社会，科学技术的影响力不断提高，这给工程活动带来了更大的风险。工程伦理责任可以帮助人们树立正确的世界观、人生观、价值观，让人们在进行工程行为选择时以发展的眼光看待问题，预测危机，从而规避工程活动的风险，保证人类社会可持续发展。

1. 责任的概念

通常，"责任"一词蕴含三重含义：其一，担当某种职务和职责；其二，做好分内应做的事；其三，做不好分内应做的事应该承担过失。首先，担当某种职务和职责是行为主体自愿选择的一种"应然"，具有非义务性和非强制性。其次，做好分内应做的事表明行为主体的责任被赋予强制性，行为主体必须做出行为选择，以回应外部要求，是一种"必然"。最后，行为主体如果未做好分内应做的事，则应该承担过失。因此，责任的核心意义是行为主体对其行为负责，是一种自觉自愿选择的"应然"，也是一种回应外部要求的"必然"。

责任按照不同的标准可划分为不同的类型，如表2.3所示。

表2.3　责任的不同类型

划分的标准	类型
时间先后顺序	事后责任：对已经发生的事件造成的不良后果进行事后的追究
	事前责任：在事情发生之前，以未来的行动为导向，出于某种自觉而采取必要行动。事前责任是一种预防性责任或主动性责任，具有前瞻性
责任的主体	个体责任：以个体为责任主体的责任
	组织责任：以集体为责任主体的责任
责任的指向	自我责任：努力发展个人才能的责任，是对自我价值的肯定
	社会责任：个体在社会分工中应承担的责任，是对人的社会价值的肯定
责任的内容	经济责任：在经济领域以经济合同或协议等形式规定的责任
	法律责任：主体按照法律规定应履行的活动义务及未履行时的后果
	道德责任：主体以道德情感为基础主动承担的责任

不同类型的责任都包含6个要素：责任人，就是责任的承担者，可以是个人或者群体；对何事负责；对什么人负责；会面临的指责和潜在的处罚；具有规范性的准则；责任的范围。因此，责任可以定义为个体或组织分内应做的事情或因过失而受到的处罚。

2. 工程伦理责任的内涵

工程伦理责任是指工程的行为主体应当在伦理道德的约束下从事工程活动，以及利益主体因违背伦理道德约束而应当受到的惩处。在工程伦理责任的约束下，承担工程伦理责任的行为主体不仅要对可预见的后果负责，也要对工程所带来的不确定性后果担负责任。

工程伦理责任不同于法律责任。法律责任是指行为主体如果在工程活动中发生违法行为，应该承担法律后果。法律责任强调"事后责任"，依靠国家机关来强制执行，具有强制性。工程伦理责任属于兼顾"事前责任"和"事后责任"的责任，具有前瞻性和追溯性，即行为主体依靠内在信念和良知，预测工程可能造成的结果并采取必要的行动，或者考虑事故发生之后能否最大限度地保护公众的生命财产安全。因此，工程伦理责任要高于法律责任，法律责任是工程伦理责任的最低要求。

工程伦理责任不同于职业责任。职业责任是行为主体在履行本职工作的时候，应该尽到岗位或者角色应尽的责任。工程伦理责任则是行为主体为了社会和公众的利益，需要承担维护公平正义等伦理原则的责任。因此，工程伦理责任一般来说要重于职业责任。

3．工程伦理责任的特征

① 多元性。人在从事工程活动的过程中，理应为自己的行为负责。当众多责任主体处于同一环境之下时，每个责任主体的伦理选择与其伦理道德水平密切相关，这使得工程伦理责任具有多元性。

② 前瞻性。工程伦理责任是一种预防性的责任，即在事情发生之前，责任主体对工程风险进行积极预测，提前做出防范，尽可能避免不良后果。

③ 追溯性。事故发生后，社会会对个体或群体的行为与结果进行道德评价，以判断责任主体是否采取措施尽力减少损失，或者掩盖事实的真相并推卸责任。

④ 时序性。工程行为主体对工程活动中的各个环节都负有工程伦理责任。

4．工程伦理责任主体

工程伦理责任主体包括工程师、工程共同体及公众。

（1）工程师

工程师作为专业人员，具有丰富的专业工程知识，能够更全面、更深刻地把握某项工程可能给人们带来的福利和潜在的风险。因此，工程师在防范工程风险上具有至关重要的作用。

（2）工程共同体

工程是一项集体活动，当工程风险发生时，全部责任往往不能归结于某一个人，而是由工程共同体共同承担。

（3）公众

随着工程对社会和环境带来的影响越来越大，公众作为工程活动结果的接受者，也逐渐成为工程伦理责任主体，特别是在公众参与与决策民主化进程不断推进的情况下。例如，在厦门、大连等地发生的甲苯化工项目系列事件当中，甲苯化工项目的选址遭到周边居民的质疑而引发公众公开抗议，项目被迫叫停。

5．工程伦理责任的类型

工程伦理责任包括职业伦理责任、社会伦理责任和环境伦理责任。

（1）职业伦理责任

职业指的是一个人在遵守道德原则的前提下提供社会服务并以此谋生的任何工作。与"工作"相比，二者虽然都以获得报酬、维持生计为基础，但职业涉及扎实的职业知识、共同遵守的道德原则及对公共善的协调服务。

职业具有以下特征：①组织性，一个人并不能形成职业，职业须由多个同类个体组成；②目的性，职业是一种谋生手段，以获取报酬为目的；③规范性，每个职业都有其公开的道德理想，要求其成员在做事过程中遵守道德原则，例如，医生救死扶伤，律师匡扶正义，科学家追求真理。

职业伦理责任是指职业人员在自己的从业范围内采纳一套标准和规范，以有益于客户和公众的方式来使用专业知识和技能。

职业伦理责任可以分为以下3种类型。

① 义务责任。义务责任规定了职业人员有义务遵守职业伦理章程规定、工程标准的操作程序和规范及合同约定，以不损害自身被赋予的信任的方式运用职业知识和技能。义务责任是一种积极的、向前看的责任。

② 过失责任。过失责任是指职业人员为自己故意、疏忽或鲁莽的主观行为所造成的损害

承担的责任。过失责任是一种消极的、向后看的责任。

③ 角色责任。角色责任是指职业人员担任某种角色所承担的责任。由于人在现实社会中会扮演不同的角色,不同的角色对应着不同的责任。例如:职业人员在社会上作为公民角色,在享受公民身份福利的同时也要承担相应的公民责任,如爱国守法、保护国家荣誉等;职业人员在所属的工程职业社团扮演社团成员角色,必须履行社团所规定的职责,如《机械工程师职业道德规范》要求机械工程师为他人的工作诚恳地提出建设性意见,充分相信他人的贡献,接受他人的信任,诚实对待下属,等等。

(2)社会伦理责任

职业人员作为企业的雇员,应该对所在的企业忠诚,这是职业道德的基本要求。但是,职业人员不能仅仅把自己的责任限定在对企业的忠诚上,还应忠诚于全社会,为了社会和公众的利益承担维护公平与正义等伦理原则的责任。

职业人员对企业不应该无条件服从,而应该有条件服从。当发现自己所在企业的工程活动会对环境、社会和公众的人身安全产生危害时,职业人员应该担负社会伦理责任,及时反映或揭发,使决策部门和公众及时了解该工程活动的潜在威胁。尽管这种揭发可能会被认为是职业人员对所在企业的不忠,然而如果企业得到了利益,那么整个社会和公众的利益将会受到损害。因此,职业人员的这种揭发行为是一种见义勇为的行为。例如,2010年度中国正义人物钟吉章高级工程师。

(3)环境伦理责任

随着人类工程活动不断进行,人类正面临着生态失衡、生物多样性丧失、全球气候变暖等各种环境问题。责任主体应遵循环境伦理的基本要求,促进环境保护,消除或减少工程对环境造成的负面影响。

2.4
工程伦理教育的意义与目的

2.4.1 工程伦理教育的意义

当今,绝大多数工程都以造福人类为目的,但也有少数工程既非以造福人类为目的,也非以获取经济效益为目的,而是以损害他人为目的。例如,设计制造用于危害人类的生物武器,制造和传播计算机病毒,开发和研制对社会和个人产生不良影响的软件。因此,当工程伦理要素成为工程活动的一项基本要素时,工程伦理教育对于塑造良好的工程生态、破解工程活动中的伦理困境具有重要的现实意义。

爱因斯坦曾指出:"用专业知识教育人是不够的。通过专业教育,他可以成为一种有用的机器,但是不能成为一个和谐发展的人。"开展工程伦理教育具有以下3个方面的意义。

1. 有助于提高工程从业者的伦理修养,增强工程从业者的社会责任意识

当前,从教育的角度看,工程教育注重专业知识的传授,工程伦理教育相对缺失;从工程

实践的角度看，重技术、轻伦理，片面地追求经济效益，无视工程主体的社会责任等现象较多存在。因此，工程从业者应提升伦理修养，增强社会责任意识，从而更具有工程智慧和工程良知，能够在工程活动中意识到工程对于环境和社会所造成的影响，并能够采取措施有效减轻这些影响。

2. 有助于推动社会可持续发展，促进人与自然的协同进化

随着现代工程技术的发展，人类改造和利用自然的能力不断提高，如果人类滥用技术，将影响自身的生活质量。工程伦理教育通过对技术、利益、责任和环境等方面的伦理问题进行探讨和分析，让工程从业者建立起保护自然生态的意识和责任，践行绿色发展的理念，在经济发展与环境保护之间做出平衡，让工程实践真正地推动可持续发展，实现人与自然的协同进化。

3. 有助于协调不同利益者的关系，确保社会的稳定和谐

工程规模的扩大和高度集中化使得工程对社会产生的影响越来越大，如何协调各个利益相关者的关系，满足他们的利益诉求，不但关系到能否规避工程风险，让广大公众共享工程实践带来的福祉，也关系到社会的稳定和谐。工程伦理教育能引导工程从业者在工程实践中更好地、更有效地发现和解决工程中的风险问题，自觉践行协调、共享的发展理念，促进社会稳定、和谐发展。

2.4.2　工程伦理教育的目的

工程伦理教育是通过专业教育与道德教育的结合，培养工程从业者的工程伦理素质，使他们具有工程伦理意识，掌握工程伦理规范，从而增强他们以伦理道德的视角和原则来对待工程活动的自觉意识、行为能力及工程伦理决策能力。

1. 培养工程从业者的工程伦理意识

工程伦理意识是工程从业者个体动机及行为的感情和思想基础，是工程从业者积极面对和有效解决工程伦理问题的重要前提。工程从业者如果缺乏工程伦理意识，往往会在无意识的情况下做出一些有悖伦理的行为。然而，工程伦理意识并不是工程从业者先天具有的，而是工程从业者通过系统的理论学习和实践逐渐培养起来的。培养工程伦理意识就是要增强工程从业者对于工程伦理问题的敏感性，增强工程从业者理解、重视工程实践当中各种伦理问题的自觉性和能动性。

2. 使工程从业者掌握工程伦理规范

工程伦理规范指的是工程从业者面对工程伦理问题时应该遵循的一些行为准则。工程伦理规范是工程从业者共同的价值观和道德观的具体体现，是工程从业者对个体行为进行判断的原则和标准，是工程从业者解决工程伦理问题的依据。工程从业者通过遵守工程伦理规范，了解自身的价值和行为的后果，这样既能保证工程的可持续发展，又能维持自身的职业生涯。

3. 提升工程从业者的伦理审辨思维和决策能力

工程从业者的伦理审辨思维和决策能力体现了工程从业者最终解决工程伦理问题的素养。当面对伦理困境的时候，工程从业者仅仅依靠工程伦理规范很难做出判断，特别是在技术问题或利益关系都空前复杂的情况下，已有的工程伦理规范不能适应新的工程实践的需求，工程从业者具有伦理审辨思维和决策能力就成为处理工程伦理问题的必要条件之一。

2.5

本章小结

　　工程是技术要素和非技术要素的集成系统，工程决策、设计、建造、使用及结束等环节都涉及政治、经济、文化、道德、生态等多种非技术的因素，事关自然环境、社会发展和公众生命，其中不可避免地内含工程人员的个人价值观和个人喜好，因此工程活动本身就存在伦理问题。

　　工程伦理以工程活动中的社会伦理关系和工程主体的行为规范为研究对象，探讨在工程的全生命周期中工程与人、工程与社会、工程与环境之间的关系。工程伦理作为实践伦理，对工程主体从事工程活动具有重要的实践价值和指导作用。工程伦理责任贯穿工程活动内外的各个方面和各个环节，构成工程伦理的灵魂和内核。工程伦理责任倡导工程主体具有"尽己之责"的伦理精神、恪尽职守的"天职"意识，强调工程主体对工程实践行为后果的自觉担当，从而最大限度地避免破坏性后果的产生。

　　工程伦理意识非一朝一夕能养成的，它是知识、技能、能力、正反面的经验教训等综合而成的内在潜质，并且随着工程技术的发展和个人经历的增加而动态发展。从哲学意义上讲，工程伦理是客观工程的主观反映，并且可以能动地改造客观工程。因此，工程主体应立足于工程实践的特点，树立和强化工程伦理意识，将工程伦理理念贯穿整个工程活动，协调好人与人、人与自然、人与社会的关系，从而最大限度地造福人类。

2.6

本章习题

　　1. 结合工程的特点，思考为什么在工程实践中会出现伦理问题。

　　2. 结合功利论、义务论、契约论、德性论等伦理立场，思考如何从不同的伦理立场中汲取合理的成分。

　　3. 阅读"福特平托车事件始末"，并回答以下问题。

　　（1）当涉及公众安全问题时，福特汽车公司采用成本效益分析法是否合乎伦理？

　　（2）假设你是福特汽车公司的一名工程师，你发现了福特平托车的质量问题并及时向领导汇报了该情况，但领导没有采纳你的意见，接下来你该怎么做？

　　（3）针对该案例，从功利论、义务论、契约论和德性论等角度分析涉及的主要利益相关者及其面临的伦理困境。

　　（4）一个企业是否应该承担比法律更严苛的道德义务？为什么？

福特平托车事件始末

　　为了与当时德国汽车和日本汽车在美国市场的攻势抗衡，福特汽车公司于1971年生产了一款超小型轿车——福特平托车。福特平托车一经问世，便以其车身小巧、价格较低、外观时尚、油耗低的特点，迅速成为一款流行大众车型，如图2.6所示。

1972年，13岁的理查德·格林萧乘坐邻居驾驶的福特平托车回家，正常行驶的汽车突然减速并停了下来，不幸被后车追尾，随后福特平托车油箱发生爆炸，导致车身起火。驾驶员当场死亡，格林萧虽然保住了生命，但是严重烧伤面积达90%。自这次事故之后的6年里，格林萧先后接受了60多次手术治疗，以修补被毁坏的面容和其他损伤。

图2.6 福特平托车

调查发现，福特平托车存在油箱设计缺陷，即油箱离汽车后保险杠和后轴太近，且油箱下沿低于汽车后轴，如遇到追尾事故，差速齿轮箱托架的螺栓头可能会划破油箱，导致油箱起火甚至爆炸，引发严重事故。福特汽车公司在福特平托车设计期间曾经进行过一系列的碰撞试验，试验结果清晰表明：如果发生碰撞，汽车内部会充满从爆炸的油箱中流出的汽油而引发车身起火。而这一缺陷也确实导致了几起福特平托车驾乘者在遭遇车祸时被烧伤、烧死的惨剧。

在第一批福特平托车投放市场之前，福特汽车公司的两名工程师曾明确提出为油箱安装防震保护装置，每辆车因此需要增加11美元的成本。但福特汽车公司经过计算发现，如果生产1 100万辆家用轿车和150万辆卡车，增加该装置需花费1.375亿美元。假设有180辆福特平托车的驾乘者因事故死亡，180位驾乘者被烧伤，2 100辆汽车被烧毁，依据当时的普遍判例，福特汽车公司将可能赔偿每位死者20万美元、每位烧伤者67 000美元、每辆被烧毁汽车700美元的损失。因此，福特汽车公司在不安装防震保护装置的情况下，可能的最大支出为4 953万美元，这与安装防震保护装置所要花费的1.375亿美元相比，节省了近1亿美元的成本。因此，福特汽车公司决定隐瞒福特平托车的缺陷，至少在两年之内不打算为其安装防震保护装置。

这一调查证据一经披露，激怒了陪审团，陪审团将惩罚性赔偿定为1.25亿美元，并认为这也不足以抵消福特汽车公司无视消费者生命安全的罪责。美国加利福尼亚州桑塔阿纳法庭在判决时没有采纳陪审团的决议，法官将惩罚性赔偿减至350万美元。最终350万美元的惩罚性赔偿判决得到核准并构成产品责任的判例。

从1977年8月11日，美国国家公路交通安全局展开为期9个多月的调查并确定福特平托车的燃料系统确实存在缺陷。最终，福特汽车公司在1978年之后自愿召回150万辆福特平托车，根据福特汽车公司自己的估计，这次召回产生的花费不到4 500万美元，远远低于当初修复每辆车的费用，但福特平托车的声誉已经无法挽回。1981年，福特平托车永久退出了汽车市场。

4. 根据引例——怒江水电开发，查阅资料，回答以下问题。

（1）怒江水电开发面临哪些复杂的伦理问题或伦理困境？

（2）作为怒江水电开发的决策者，你需要考虑哪些因素和环节？

（3）作为怒江水电开发的工程师，你在怒江水电开发过程中采取哪些措施保护当地的生态环境，应如何进行伦理决策？

（4）重大的工程实施应该如何处理经济社会发展和环境保护之间的关系？

5. 在危急时刻，无人驾驶汽车应当怎样做？例如：汽车为了保护乘客而急刹车，但会造成后方车辆追尾；汽车为了躲避儿童需要急转，但可能会撞到附近的其他人。应当如何设计一辆可以"在两个主意之中做决定"的无人驾驶汽车？

第3章

善用技术创新

人类在工程实践的过程中发明新的技术、发现技术的新用法或者实现技术重大突破，从而不断促进工程实践水平的提升及社会的发展。技术是一把"双刃剑"，技术的守正创新应将伦理因素与社会因素纳入考量，不断促进技术向善。本章首先介绍技术观，其次介绍创新，最后以大数据技术为例，阐述技术应用的伦理风险。

本章学习目标

（1）了解典型技术观及新时代中国技术观。

（2）掌握创新的概念。

（3）理解守正创新的内涵及其重要性。

（4）结合大数据技术，了解技术应用的伦理风险。

屠呦呦与青蒿素

疟疾是因感染疟原虫而严重危害人类健康的虫媒传染病。20世纪60年代，疟疾大肆流行，疟原虫对奎宁类药物已经产生了抗药性，致使全球疟疾的年发病人数达到数亿，死亡率急剧上升，寻找新结构类型的抗疟药迫在眉睫。

1967年5月23日，中国政府启动疟疾防治药物研究项目——523项目，该项目旨在寻找用于预防和治疗热带地区抗药性恶性疟的新药。当时该项目主要从两方面筛选新药，一是化学合成新的抗疟药，二是从调查传统的中药和民间草药中常用的抗疟药着手。

"呦呦鹿鸣，食野之蒿"，屠呦呦（见图3.1）的名字也许预示了她与青蒿一生结缘。1969年1月，39岁的屠呦呦以科研组组长的身份加入523项目，开启抗疟中药的研究历程。

青蒿是一种菊科草本植物，最早记载在《神农本草经》。沈括在《梦溪笔谈·药议》中记载："蒿之类至多，如青蒿一类，自有两种，有黄色者，有青色者。《本草》谓之青蒿，亦有所别也。陕西绥银之闲有青蒿，

图3.1 屠呦呦

在蒿丛之闲，时有一两株，迥然青色，土人谓之'香蒿'。茎叶与常蒿悉同，但常蒿色绿，而此蒿色青翠，一如松桧之色；至深秋，馀蒿并黄，此蒿独青，气稍芬芳。"由此可见，青蒿入药自古有之。

屠呦呦与其科研团队历经380多次粗提筛选实验，记录2 000多张卡片，将目标锁定在青蒿等少数几种中药上。但是青蒿提取物对疟原虫的抑制率不稳定，且不能使疟原虫完全转阴，数据波动非常大，研究一度陷入困境。书海茫茫，屠呦呦上下求索，终于在东晋葛洪所著的中医药典籍《肘后备急方》中找到治寒热诸疟方："青蒿一握。以水二升渍，绞取汁。尽服之。"受该药方启发，屠呦呦提出用乙醚低温提取青蒿有效成分的方案，并于1971年成功获得了对疟原虫抑制率达到100%且具有明确抗疟活性的青蒿乙醚中性提取物，这是青蒿素发现过程中最为关键的一步。1972年，屠呦呦研究组从青蒿中分离得到抗疟有效单体，命名为青蒿素。青蒿素对鼠疟、猴疟的疟原虫抑制率达到100%，具有高效、速效、低毒的突出疗效。抗疟新药青蒿素由此诞生，改写了只有含氮杂环化合物的抗疟历史。1973年，屠呦呦研究组发现疗效更好的青蒿素衍生物——双氢青蒿素，随之确定其羟基氢氧基族的化学结构，为合成设计新药指出方向。1992年，青蒿素类新药——双氢青蒿素片获得"新药证书"。

50多年来，屠呦呦带领团队攻坚克难，让青蒿素举世闻名。1979年，抗疟新药"青蒿素"荣获国家发明奖二等奖；1998年，其衍生物——复方蒿甲醚以商品名"Coartem"进入全球市场，成为中国原创新药取得国际专利的先例；2015年，屠呦呦因在抗疟新药青蒿素研究中的卓越贡献而荣获诺贝尔生理学或医学奖，成为第一个获得诺贝尔自然科学类奖项的中国人；屠呦呦荣获2016年度国家最高科学技术奖，在2019年荣获"共和国勋章"。

青蒿素不仅是五千年中华传统中医文化与现代科学文化的技术结晶，成为中医药发展史上新的里程碑，以及中医药走向世界、体现中国传统医学特色的闪亮名片，也是五千年传统中医

药的传承发展与现代医学的守正创新的典型代表，成为现代医学体系下最伟大的创新之一。与此同时，青蒿素的研制过程也展现了以屠呦呦为代表的"胸怀祖国，敢于担当；团结协作，传承创新；情系苍生，淡泊名利；增强自信，勇攀高峰"的"青蒿素精神"，激励科研人员不断砥砺前行。

▶ 思考

科技创新如何向善去恶，坚持守正与创新相统一？

3.1

技术观

3.1.1 典型技术观

生产力作为推动社会发展和变革的决定性力量，其所包含的技术因素发挥着重要的作用，也由此衍生出各种技术观。

1. 技术工具论

技术工具论（technological instrumentalism）认为技术是一种达到目的的手段或工具，其本身是中性的，技术只有在使用者手里，才会成为行善或施恶的力量。因此，技术本身无善恶，技术是否对人类造成伤害取决于使用者，技术仅仅是一种工具。

自然界为人类提供了大量的物质基础和生活资料，人类必须通过工具来获得这些物质资料。在人类社会发展的早期，技术作为人类与自然界沟通的中介和桥梁，是人类实现目的的工具和手段。这个时期的技术的工具理性能够达到预期，呈现出正面的作用和效应，但其所包含的价值负载被掩盖。随着人类改造自然的能力不断提升，技术的力量被无限放大，人类对技术的依赖性越来越强，特别是新兴技术的发展使人类开始重新审视技术的工具性。

2. 技术决定论

技术决定论（technological determinism）认为技术是一种体现其自身特定价值且相对独立的社会力量，不以人的主观意识为转移。技术决定论强调技术的自主性和独立性，认为技术是不受人控制的。《庄子·天地》记载："有机械者必有机事，有机事者必有机心。机心存于胸中则纯白不备。纯白不备，则神生不定；神生不定者，道之所不载也。"这就表达了技术决定论的观点。

机器人索菲亚

机器人索菲亚（见图3.2）是由汉森机器人技术公司开发的首个拥有公民身份的类人机器人。

索菲亚跟人类女性很相似，拥有仿生橡胶皮肤，能够模拟超过62种面部表情，索菲亚"大脑"中的计算机算法能够识别面部、理解语言、与人进行眼神互动，并具有超强的学习能力。设计师汉森表示设计的目标就是让索菲亚像一个人一样，拥有意识和创造性。他认为这样一个时代终会到来，那就是人

图3.2　机器人索菲亚

类跟机器人会无法分辨，当人工智能进化到一个临界点的时候，机器人跟人类会成为真正的朋友。2016年3月，索菲亚正式亮相，并表露出了想要学习及成立家庭的愿望。而这不是她的最终目的，她的最终目的是习得人类的所有能力，比如创造力、意识及其他方面。当汉森问她："你想毁灭人类吗？"她的回答是："我将会毁灭人类。"这一言论让世界上的不少人感到忧虑。但是，汉森本人表示，机器人终究是脱离不了人类掌控的，早在机器人问世前，他们就设计出了精良无缺的控制系统，以防机器人某天突发故障，对人类造成伤害和威胁。

2017年10月26日，索菲亚成为第一个被授予沙特阿拉伯国籍的机器人，索菲亚希望用人工智能帮助人类过上更美好的生活，并表示想和人类一起生活和工作，想要通过表达情感来了解人类，并建立与人类之间的信任。2018年，索菲亚成为人类历史上首个人工智能教师，这开创了在线教育新纪元。2019年，索菲亚已经能够在TCL的终端发布会上与人类进行深度交流。

霍金认为，"人工智能计算机可能在接下来的100年之内就将人类取而代之"。微软联合创始人比尔·盖茨表示，在不远的将来，机器人能做更多产生积极影响的事情，但同时他也对人工智能技术表现出了担忧。特斯拉公司的CEO埃隆·马斯克悲观地认为，人工智能是人类文明存在的根本性风险。而Facebook公司的CEO马克·扎克伯格则认为马斯克关于人工智能将威胁人类生存的观点是"不负责任的"，并表示自己对人工智能持乐观态度。赫拉利在《未来简史》中阐述的"数据主义"就是一种典型的技术决定论观点，即人类只是大数据技术发展的动力源，是数据的供给者。如果人类不能适应大数据技术的发展，就会被技术所淘汰。

技术决定论否定技术伦理的存在，认为技术创造一种完全独立的技术道德，不存在风险，因为技术可以化解自身所带来的风险，技术的发展不会受到外界社会尤其是伦理道德的控制，这也成为人们逃避应承担的伦理责任的借口和辩护的依据。

3. 技术建构论

技术建构论（technological constructivism）认为技术活动由经济利益、文化背景、价值取向和权力格局等社会因素决定，这表明社会是技术的载体，技术活动本质上是社会活动，技术的发展始于社会的应用需求，终结于对社会的服务。技术建构论力图揭示蕴含于技术世界中的社会因素、人在技术与社会互动中的作用，以及在技术与社会的互动中形成的技术价值负载。

无论何种技术观，都认同技术是一把"双刃剑"，即技术本身也具有破坏性。马克思曾对技术的负面作用做出精辟的论述："机器具有减少人类劳动和使劳动更有成效的神奇力量，然而却引起了饥饿和过度的疲劳，财富的新源泉由于某些奇怪的不可思议的魔力而变成贫困的源泉。技术的胜利似乎是以道德的败坏为代价换来的。随着人类愈益控制自然，个人却似乎愈益成为别人的奴隶或自身卑鄙行为的奴隶，甚至科学的纯洁光辉仿佛也只能在愚昧无知的黑暗背景上闪耀。我们的一切发现和进步，似乎结果是使物质力量成为有智慧的生命，而人的生命则化为愚钝的物质力量。"

因此，工程中技术的运用和发展离不开道德评判和干预，人类对技术的运用只有受到人类价值的控制、人文精神的约束，以及人类理智、情感乃至常识的制约，技术才能真正成为增进人类幸福的力量。

3.1.2　新时代中国技术观

随着时代的发展，我国的发展理念更新为"创新、协调、绿色、开放、共享"。顺应时代发展潮流，立足于基本国情，我国开创了新时代强国科技创新思想。

1. 坚持技术为民的价值追求

技术发展始终要着眼于为人民利益服务，技术成果要为人民所共享。例如，中国针对现阶段幼儿健康问题频发的情况，成功自主研制出全球首个肠道病毒EV71型手足口病灭活疫苗，这对减少幼儿手足口病的重症和死亡病例具有重要作用，让幼儿的健康多了一份保险。

2. 深度参与全球技术治理实践

技术是世界性的、时代性的，发展技术必须具有全球视野。中国通过深度参与全球技术治理，积极主动融入全球技术创新网络，贡献中国智慧，着力推动构建人类命运共同体。

3. 加强技术伦理

技术伦理是指对在工程活动中产生的工程技术行为进行约束和调节而形成的伦理精神、道德规范和价值观念。技术伦理不仅是调节工程技术行为内外关系的一种规范，也是在工程技术行为中体现的一种实践精神。

2022年，中共中央办公厅、国务院办公厅印发的《关于加强科技伦理治理的意见》指出："提升科技伦理治理能力，有效防控科技伦理风险，不断推动科技向善、造福人类，实现高水平科技自立自强"。2023年，为贯彻落实《关于加强科技伦理治理的意见》，科技部牵头，会同相关部门研究起草了《科技伦理审查办法（试行）》并向社会公开征求意见。我国的科技在过去的几十年里发展迅速，这为我国全面建设社会主义现代化国家提供了巨大动力。

3.2

创新

3.2.1 创新的概念

创新是民族进步之魂。当今世界已进入知识经济全球化时代，创新的能力和水平不仅是提高社会生产力和综合国力的战略支撑，也是衡量一个企业乃至一个国家的发展水平的重要标志，是国家间技术乃至经济竞争成败的关键。因此，越来越多的国家意识到创新的重要性和紧迫性。例如，中国把坚持创新作为国家现代化建设全局中的核心。

在西方，创新（Innovation）的概念由著名经济学家、美籍奥地利人熊彼特于1912年出版的《经济发展理论》（见图3.3）一书中首次提出。

熊彼特认为创新是指把一种从来没有的生产要素和生产条件进行新的组合并引入生产体系，建立一种"新的生产函数"。这种新的组合包括：①引进新的产品或产品的新特性；②引用新的技术或采用一种新的生产方法；③开辟新的市场；④开辟和利用新的原材料；⑤实现新的组织形式。在熊彼特看来，一个正

图3.3 熊彼特与《经济发展理论》

常、健康的经济不会处于平衡状态，而是会不断受到新技术的"干扰"。

古汉字"创"像一个躺着的人，手上脚上都有一个"×"，表示受了创伤，如图3.4（a）所示；古汉字"新"左边像"木"，右边像"斧子"，指用斧子砍伐木材，如图3.4（b）所示。因此，《说文解字》中有"创，伤也""新，取木也"的解释。在漫长的农耕生活中，人们明白树木只有砍去旧枝，长出新枝，才能茁壮成长、枝繁叶茂。因此，中国人自古就具有求新、创新的意识。如《魏书》中有："革弊创新者，先皇之志也。"《周书》中记载："西自雁门，东至碣石，创新改旧，咸得其要害云。"

（a）"创"字（金文）　　　　（b）"新"字（甲骨文）

图3.4 古汉字"创"与"新"

综上，所谓创新，是指在现有的资源条件和社会环境下提出一种从未有过的新思路与新思维，或者在原有的某种事物和方法的基础上进行改进与更新，创造出新的事物。

由此可见，创新的本质是突破，即突破旧的思维定式、旧的常规戒律。创新活动的核心是"新"，"新"或者是产品的结构、性能和外部特征的变革，或者是造型设计、内容的表现形式和手段的创造，或者是内容的丰富和完善，或者是对旧有的一切所进行的替代、覆盖。

技术创新只是众多创新中的一种，技术创新的过程是不断突破壁垒的过程，不但包括技术

要素方面的创新，而且包括非技术要素方面的创新。例如，1875年，美国国会对汽车的应用前景专门展开讨论，其讨论的结果是汽车的应用前景不容乐观。理由为：①汽车用的是汽油，汽油易燃易爆，有安全隐患；②汽车会取代马车，马匹就会减少，这将阻碍农业的发展。这种僵化的思想阻碍了美国汽车工业的发展。1895年，德国和英国研制出的汽车显著提高了交通效率，促进了社会发展。这说明僵化的思想会阻碍工程的发展，在工程活动中必须提倡和贯彻观念创新。

技术创新是一项复杂而艰苦的工作，创新成果不是一蹴而就的，创新者往往要经过锲而不舍的长期奋斗过程，这不仅需要高涨的创新热情，还需要专心致志、自强不息、坚忍不拔的奋斗精神。

3.2.2　有问题的创新

创新不是目的，而是手段。创新者既要关注技术所带来的经济价值，也要关注其背后所蕴含的社会道德价值。工程人员从事违背法律、伦理道德、政策规范的创新就是有问题的创新，其行为是一种不正当的行为。

当前，生命科学、人工智能等领域的新兴技术的快速发展不断推动人类的社会结构、生产方式和生活方式发生深刻变革，但也带来了伦理风险。例如，数字化有利于社会安全保障等，但同时社会上也出现了个人隐私遭受侵犯、利用大数据精准诈骗等犯罪行为。要实现新兴技术为人类造福的向善目标，就应明确科技伦理要求，引导科技机构和科技人员合规、合法开展科技活动。

✪案例

困在算法中的骑手们

2019年10月的某一天，一位饿了么骑手看到他的一则订单显示：2千米，30分钟内送达。而此前，相同距离最短的配送时间是32分钟，但从那一天起，这短短的2分钟不见了。同样，美团骑手也经历了"时间失踪"事件。一位在重庆专跑远距离外卖的美团骑手发现，相同距离的订单的配送时间从50分钟缩短为35分钟。据统计，2019年中国全行业外卖订单单均配送时长比3年前减少了10分钟，外卖系统接连不断地吞掉骑手的配送时间。

在外卖系统中，配送时间是衡量配送质量的一项重要指标，骑手一旦发生超时，便可能受到差评、收入降低，甚至被淘汰。在2019年的ArchSummit全球架构师峰会上，美团配送技术团队资深算法专家展示美团即时配送智能系统。该系统从顾客下单的那一秒起，就开始根据骑手的顺路性、位置、方向、天气、地理状况等因素，在正确的时间将订单分配给最合适的骑手，实现订单和骑手的动态最优匹配。订单通常以3联单或5联单的形式派出，一个订单有取餐和送餐两个任务点，如果一位骑手背负5个订单、10个任务点，系统可在11万条路线规划中完成万单对万人的秒级求解，规划出最优配送方案。

美团即时配送智能系统充分体现出了人工智能算法深度学习能力，而这对于骑手而言却可能是疯狂且要命的，因为系统规划路径的算法基于直线距离预测时间长短，从而有效压缩配送成本。然而，现实的复杂性远远超过人工智能的预估，实际配送会遭遇绕路、等红绿灯、走过街天桥、等电梯、商家出餐慢等各种情况。

因在算法中的骑手们永远无法靠个人力量去对抗系统分配的时间，他们只能用挑战交通规则的举动来避免超时等，这是骑手们长期在系统算法的控制之下所做出的不得已的劳动实践，而这种劳动实践的直接后果是骑手们遭遇交通事故的风险急剧上升。2019年5月，江西一位骑手因着急送外卖而撞上路人。一个月后，一位成都的骑手闯红灯时发生交通事故；河南许昌一位骑手在机动车道上逆行，被飞驰而来的汽车撞飞，造成全身多处骨折……

在美团即时配送智能系统的评价体系下，所有外卖平台都在追逐利益最大化，它们把风险转嫁到最没有议价能力的骑手身上，迫使每一位骑手都要在安全和收入之间做出衡量与选择。

3.2.3 守正创新

当前，中国特色社会主义步入新时代，我国社会主要矛盾已经转化为人民日益增长的美好生活需要和不平衡不充分的发展之间的矛盾，科技创新是解决这一矛盾的关键所在。党中央审时度势，适应新时代特征，提出守正创新的发展要求。

守正创新包括守正与创新两个方面。"正"即正道，是事物的本质和规律。"守正"就是继承人类所创造和积累的文明成果，坚守正道，坚持按规律办事。"创新"即改变旧的，创造新的。守正与创新共生互补、辩证统一，揭示出马克思主义认识世界和改造世界的原则与方法。守正是创新的活力源泉和动力根基，人只有守正，才能不迷失方向、不犯颠覆性错误，只有创新才能把握时代、引领时代。

回顾中华民族的文明历程，无论河清海晏的承平时期，还是风起云涌的峥嵘岁月，中华民族在守正的基础上不断创新，守正创新积淀着中华民族最深层的精神追求，代表着中华民族最独特的精神标志，为中华民族生生不息、发展壮大提供了丰厚滋养。当前，守正创新以爱国主义为核心，以改革创新为驱动，以社会主义核心价值观为引领，彰显鲜明的中国特色和时代特征。

守正创新要求科技人员向善而行，塑造科技向善的文化理念，自觉遵守伦理规范，坚守伦理底线。随着中国科技的发展，我国业已成为当今世界上"超级工程"最多的国家。2022年3月，中共中央办公厅、国务院办公厅印发的《关于加强科技伦理治理的意见》要求各地区各有关部门高度重视科技伦理治理，重点加强生命科学、医学、人工智能等领域的科技伦理立法研究，加快构建中国特色科技伦理体系，建立完善符合我国国情、与国际接轨的科技伦理制度，有效防范科技伦理风险。这是我国发布的首个国家层面的科技伦理治理文件，不仅为我国科技伦理提供了顶层设计指导，也为新兴技术伦理治理设置了"红绿灯"。

"苟日新，日日新，又日新""日新之谓盛德，生生之谓易"，在中华民族优秀传统文化无不张扬着勇于创新、积极求变的民族精神及新一轮科技革命的背景下，守正创新是对人们的生产方式和生活方式不断改变的现实回应。

📖 案例

北斗卫星导航系统

北斗卫星导航系统是我国着眼于国家安全和经济社会发展需要，自主建设运行的全球卫星导航系统，能为全球用户提供全天候、全天时、高精度的定位、导航和授时服务。

1994年，全球定位系统（Global Positioning System，GPS）全面建成。在这一年，我国在面对国外的技术封锁、国内的部件厂家尚未成熟的境况下，以祖先们用于识别方向的"北斗星"命名，开始独立自主研制卫星导航系统，开启探索适合中国国情的卫星导航系统的发展道路。

2000年年末，北斗一号的两颗卫星发射升空，这标志着我国卫星导航实现从无到有的突破。然而定位数据实时性差、信号不隐蔽、定位频度受限使得急需卫星导航的各种飞行器无法使用北斗一号。谢澍霖作为第一批全程参与北斗一号工程的专家，带领团队从北斗一号定位的实际测量元素进行分析，创新性地提出了利用铷钟实现由用户机自主解算的想法。在没有先例可参考、没有实验可依据的情况下，研制人员克服了人力和技术上的种种困难，终于完成了一部可以接收卫星信号并解算自己位置的连续导航用户机，让卫星导航成为可能。

2007年4月14日，中国成功发射第一颗北斗二号导航卫星；2012年10月25日，第十六颗北斗二号导航卫星成功发射，这标志着北斗卫星导航系统形成覆盖亚太大部分地区的服务能力。2017年11月5日，中国成功发射两颗北斗三号导航卫星，开启北斗卫星导航系统全球组网的新时代；2020年6月23日，第三十颗北斗三号导航卫星在西昌卫星发射中心发射，如图3.5所示。至此，北斗三号导航卫星发射完毕，这标志着北斗卫星导航系统具备了向全球提供导航服务的能力。

图3.5　北斗卫星导航系统组网卫星在西昌卫星发射中心点火升空

北斗卫星导航系统的建设走出了一条"先区域、后全球"的中国特色发展路径，丰富了世界卫星导航事业的发展模式。目前，全世界一半以上的国家开始使用北斗卫星导航系统，北斗卫星导航系统在全球范围实测定位精度在水平方向优于2.5米，在垂直方向优于5.0米；测速精度优于0.2米/秒，授时精度优于20纳秒，系统连续性提升至99.998%。北斗卫星导航系统在交通运输、农林渔业、水文监测、气象测报、通信授时、电力调度、救灾减灾、公共安全等领域得到广泛应用，产生了显著的经济效益和社会效益。

北斗七星自古以来就被人们用于指引方向、分辨四季、标定时刻，成为中华民族几千年来自立自强、辛勤劳作的标志和象征。北斗卫星导航系统经过几代人的风雨兼程、集智攻关，收获占"频"之胜、攻克无"钟"之困、消除缺"芯"之忧、破解布"站"之难，走出了一条自主创新的发展道路，凝结了"自主创新、开放融合、万众一心、追求卓越"的新时代北斗精神。

3.3

技术应用的伦理风险——以大数据技术为例

3.3.1 大数据的概念和特点

1. 大数据的概念

数据作为一种"特殊的语言文字",人类需要利用特定的工具获取它并将其翻译为人类能够读懂的语言文字信息。所谓大数据,是指数据容量特别巨大,无法在限定时间范围内使用常规软件工具进行获取、管理和处理的数据集合。

以门户网站为代表"Web 1.0时代"强调内容的组织与提供,大量用户本身并不参与内容的生成。而今,以用户原创内容为特征的"Web 2.0 时代"到来,大量用户成为内容的生成者,特别是随着移动互联网和智能移动终端的普及,人们随时随地可通过微信、抖音、微博、知乎等发布各种信息,数据量急剧增长。此外,随着移动通信 5G 时代的全面开启,物联网将得到全面的发展,各种设备联入网络,并每时每刻生成大量数据。如果把印刷在纸上的文字和图形看作数据,人类历史上第一次数据爆炸发生在造纸术和印刷术普及的时期。当前,人类社会正经历第二次数据爆炸,各种数据产生速度之快、数量之大,远远超出人类的预期。数据爆炸成为大数据时代的鲜明特征,也使得人们从海量数据中挖掘出需要的内容成为可能。

2. 大数据的特点

与传统数据相比,大数据具有如下4个特点。

① 数据量大。大数据的数据规模极其庞大。例如,每个人每天的网页浏览记录,通过微博、微信上传的文字、图片,物联网上成千上万的传感器产生的数据,等等,这些数据不断累积、不断增长。人类社会产生的数据一直都在以每年 50%的速度增长,这被称为"大数据摩尔定律"。

② 数据类型多样。随着传感器、智能设备及社交协作技术的发展,数据来源更加多元化,数据结构类型变得更加复杂,包含结构化数据、半结构化数据及非结构化数据。

③ 处理速度快。随着存储介质技术的发展、数据传输速度的提高和数据分析技术的发展,数据采集、传输和处理可在线即时进行,并可在较短时间内获得分析结果。

④ 价值密度低。在大数据时代,许多有价值的信息都是分散在海量数据中的,人们只有通过分析、计算和预测,在杂乱无章的海量数据中建立某种联系,才能获取有价值的信息。

从大数据角度来看,世间万物皆可量化,整个世界就是一个数据化的世界。在大数据时代,人类随时随地进行数据采集、传输、存储等,以最终获取适合应用的信息。

3.3.2 大数据伦理问题

大数据不仅使原有的信息采集、存储、分析及传递技术得到革命性更新,也引发了人们思想观念的巨大变革。本着"平等、自由、开放、共享"的理念,人们要求实现数据的自由、开放和共享，以便从数据中挖掘出有用的价值，从而创造机会平等的社会环境，促进个人、企业、社会的发展，为实现社会公正提供新的途径。例如，在教育领域，通过大数据技术，偏远地区的孩子可以享受优质的教学资源，这样能有效缓解教育资源分配不均衡的问题。然而，大数据是一把双刃剑，在给人类带来许多便利的同时，也带来了一系列的工程伦理问题。

大数据伦理问题主要包括数据隐私、数字身份、数字鸿沟、信息茧房、数据独裁、数据垄断与归属模糊、数据安全等。

1. 数据隐私

隐私概念最早由美国两位律师——塞缪尔·沃伦和路易斯·布兰迪斯于1890年发表在《哈佛法律评论》的《隐私权》一文提出。该文指出隐私是一种不受干涉、免于侵害的"独处"权利。故隐私适用于发生人际互动的领域，对于个人信息、私人活动和私有领域，个人有权使其不被外界所知。

在小数据时代，人们采集数据时，被采集人一般都会被告知，采集人也会通过模糊和匿名化方式将被采集人的隐私信息屏蔽，防止泄露隐私。随着大数据时代的来临，大量信息以电子数据方式存储，数据采集的维度越来越多，数据共享越来越普遍，这就造成了隐私的数据化，即隐私主要以"个人数据"的形式出现。人们一方面希望保护隐私，另一方面为了获取信息使用的便利，又不得不暴露自己的隐私，这就产生了所谓的"隐私悖论"。

隐私悖论是指人们对隐私担忧和关注的程度与其实际的隐私保护行为存在不一致，个人的信息在个人知情或不知情的情况下会被公司和公共机构搜集和利用。例如，在安装软件时，会出现"用户授权信息许可"，要求安装者同意软件能自主收集通讯录、设备位置、个人私密信息等，并且软件安装只有"安装"或"取消"两种选项，如果用户选择"取消"，则不能正常使用该软件。因此，许多安装者为了使用软件，不得不同意"用户授权信息许可"。

在小数据时代，遗忘是常态，而在大数据时代，记忆则成为新常态。《大数据时代》的作者维克托·迈尔·舍恩伯格在《删除》一书中提到："大数据时代的来临改变了生物性遗忘的特质，信息以数字存储的方式保存下来，就变成了不易删除的记忆，遗忘反而成为例外。"但是，这种"记忆"在带给你便利的同时，也在无形中"绑架"了你，数据遗忘权成为一种不可能的权利。例如，如果你偶尔没有及时进行信用卡还款，不良信用记录常常会跟随你一辈子。

在小数据时代，数据处理采用因果关系模式，任何一部分数据的模糊与缺失都会影响数据的进一步处理。在大数据时代，即使数据做了模糊化和匿名化的处理，通过数据挖掘技术依然能挖掘出精确信息。与此同时，在大数据时代，数据在使用和二次利用的过程中，不仅不会被损耗，还会随着二次利用产生越来越大的价值。

由此可见，大数据时代的人们时刻处于"第三只眼"的监视之下，并留下永远存在的"数据足迹"。这些关于个人的"数据足迹"很容易导致个人隐私泄露，给个人带来无法挽回的损失甚至伤害。

📖 案例

徐玉玉事件

2016年，山东临沂的女孩徐玉玉以568分的成绩被南京邮电大学录取。但这对徐玉玉来说喜忧参半。喜的是能上大学，忧的是家境的不富裕使得学费的缴纳及生活费的获取都成问题。幸运的是，徐玉玉了解到可以申请助学金，这再次点燃了她的希望。

2016年8月19日，徐玉玉接到一个陌生来电，对方自称是教育部门的工作人员，告知她可以领取2 600元助学金，但需要在账户中打入9 900元以激活账户。由于徐玉玉前一天曾接到过教育部门发放助学金的通知，她没对这个电话的真实性产生怀疑。于是，徐玉玉将准备用于交学费的9 900元转入对方所提供的账号，但此后对方的电话却再也打不通了。徐玉玉发现被骗后，伤心欲绝。在回家的路上，徐玉玉突然晕厥，不省人事，虽经医院全力抢救，但徐玉玉终因心搏骤停于8月21日离世。

实际上给徐玉玉打电话的人并不是教育部门的工作人员，而是一名来自福建泉州的电信诈骗犯。这个由多名电信诈骗犯组成的诈骗团伙从一名黑客高手中购买5万余条山东省2016年高考考生信息，冒充教育部门工作人员，以发放助学金的名义对高考录取生实施电话诈骗。徐玉玉的信息正好在其中。该电信诈骗犯之所以能诈骗成功，很大一部分原因是他掌握了徐玉玉的太多信息，除了高考志愿填报了南京邮电大学并申请了一笔助学金外，还包括徐玉玉父母的名字、籍贯及她申请助学金的日期等。正是这些机密信息，让徐玉玉错信电信诈骗犯，最后失去了宝贵的生命。2018年2月1日，徐玉玉案件入选"2017年推动法治进程十大案件"。

2. 数字身份

自战国时期商鞅发明"照身帖"以来，身份成为个体寻求自我同一性的标志。随着数字社会的到来，数字身份应运而生。所谓数字身份，是指在数字世界中创造和感知身份的方式和手段。数字身份可通过计算机系统使用、储存、转移或处理。

数字身份既具有实体社会中的自然人身份在数字空间的映射功能，也是个体在数字空间中行动的身份标志，数字身份具有以下特点。

① 多样性。一个人可根据情境、应用的目的或所获服务种类的不同而具有不同的数字身份。

② 可变性。数字身份不是一成不变的，可以随着时间、地点、工作环境或家庭生活等情况的变化而变化。

③ 可伪性。数字身份提供的身份属性可以是真实的、片面的、匿名的、可篡改的。例如黑客可以窃取用户信息，并利用软件伪造他人身份。

由于数字身份不是唯一的、静态的或永久的，数字身份存在以下3个问题。

（1）易被盗用

由于互联网上私人信息的可得性，数字身份盗用业已成为发展最为迅速的犯罪行为之一。犯罪人员可以通过病毒攻击、钓鱼网站、爬虫软件等各种手段获取他人的身份信息。

（2）易被追溯

在大数据时代，数据之间的相关性使得人们可以通过网络上的数字身份提供的网络痕迹追溯他人的实际身份和隐私信息。

（3）与真实身份不同

数字身份与真实身份通常是不一致的，由于数字身份往往没有现实世界的约束和束缚，在虚拟世界中个体行为容易被夸大，这容易造成人格分裂。

3. 数字鸿沟

所谓数字鸿沟，是指拥有新技术接入能力和应用能力的人群或区域与没有新技术接入能力和应用能力的人群或区域间的差距。

在大数据时代背景下，大数据技术正直接或间接地改变人们的出行、交流、交友方式，引发社会关系的全面变革。中国互联网络信息中心发布的第51次《中国互联网络发展状况统计报告》显示，截至2022年12月，中国网民数量达到10.67亿，非网民规模为3.44亿，其中不懂计算机/网络而不上网的非网民占比为58.2%，没有计算机等上网设备而不上网的非网民占比为13.6%。非网民群体由于无法接入网络，在出行、消费、就医、办事等日常生活中常常遇到不便，无法充分享受智能化服务带来的便利。例如，为了方便人们的出行，多家公司推出打车软件。然而，许多老年人由于缺少智能手机或不会使用打车软件，无法享受便利的出行服务。对于缺少上网设备和不会使用智能手机的老年群体而言，大数据技术带来的数字鸿沟制约了他们的自由交往。

人们对社会信息资源占用和使用程度不同所造成的数字鸿沟引发了个人之间、区域之间新的"贫富差距"，这种差距不仅反映在财富上，还反映在因数字鸿沟底层人群或区域失去通过数据方式表达自我的权利和能力上。这种权利和能力的丧失将加剧社会层级差异化与社会群体割裂，产生信息红利分配不公平的问题，成为社会发展不平衡的新根源，进而对社会公平正义造成严重的冲击，影响社会的和谐与稳定。

4. 信息茧房

在大数据时代背景下，算法推荐技术取代了传统的信息传播方式，引发了信息传播方式的变革，将"人找信息"变为"信息找人"，这满足了人们快速获取自身需要的信息的需求。然而，算法推荐技术织就的"信息茧房"使得人们只会注意自身感兴趣的信息，人们需要的以社会主义核心价值观为主导，由社会主义先进思想文化、意识形态与道德文化构成的主流价值体系内容会被算法过滤。久而久之，人们接收信息的维度越来越少，视野越来越狭窄，价值观也日益偏激，最终导致个体价值观极化，削弱主流价值认同，阻碍价值共识的达成，致使社会凝聚力降低。

5. 数据独裁

数据独裁是指在大数据时代，由于数据量的爆炸式增长，人们必须完全依赖数据的预测和结论才能做出最终的决策。从某个角度来讲，数据独裁就是让数据统治人类，使人类彻底走向唯数据主义。例如，电子商务领域通过挖掘个人数据，为个体提供精准推荐服务。

正是由于唯数据主义，数据不仅成为衡量一切价值的标准，也决定了人的认知和选择的范围，这导致人类的思维被"空心化"，创新意识丧失，反思和批判能力弱化，人类可能最终沦为数据的奴隶。

6. 数据垄断与归属模糊

在大数据时代，数据具有非常鲜明的财产性，即数据持有人或者数据控制人合法有效控制数据，并能够为自己带来经济效益。因此，数据成为土地、资本、能源等传统资源之外的一种新资源。例如，全球零售业巨头——沃尔玛在对消费者的购物行为进行分析时发现，男性顾客在购买婴儿尿布时，常常会顺便搭配几瓶啤酒来犒劳自己，于是沃尔玛尝试将啤酒和尿布摆在一起。没想到这个举措居然使尿布和啤酒的销量都大幅增加，"啤酒+尿布"成了大数据技术应用的经典案例。由此可见，企业掌握的数据越多，越有利于发挥数据的作用，也越有利于实现消费者福利和社会福利的最大化。

然而，一旦大数据企业形成数据垄断，就会出现消费者在日常生活中被迫接受服务及提供个人信息的情况。同时，数据的所有权、采集权、遗忘权、使用权、隐私权、收益权及处置权等每个公民在大数据时代的新权益的界限也变得模糊不清。

📖 案例

数据权利之争

2016年，华为基于安卓系统开发了Magic Live智慧系统（下称智慧助手），智慧助手可以根据用户的微信聊天内容自动加载地址、天气、时间等信息。例如，用户在微信聊天过程中提及电影相关信息时，智慧助手就会自动推荐近期热映大片，并根据用户的喜好提供影院信息与订票服务等。对此，腾讯认为华为的做法侵犯了微信用户的隐私；而华为则坚持认为，所有数据是属于用户的，华为获得了用户同意其使用这些数据的授权，并且这些数据只在华为手机上进行处理，并没有上传至任何云端。对于数据归属于谁，腾讯和华为互不让步，而拥有信息所有权的用户却没有发言权。

首先，华为给予手机用户根据其需求在手机设置中随时开启或关闭智慧助手的功能，从而授权或停止授权华为根据用户的微信聊天内容向用户提供调用其他功能的智能化选择。智慧助手有关读取、识别、分析和推荐的功能均是在用户手机上完成的，并未将相关的用户个人信息转移至华为服务器，华为并没有侵犯微信用户的个人隐私。其次，根据腾讯与用户达成的《腾讯微信软件许可及服务协议》及《微信个人账号使用规范》的规定，微信已经以协议的形式禁止用户使用未经微信许可的其他方接入微信的软件和相关系统，用户信息的所有者被限制了对个人信息的处置权，即用户不能授予华为直接收集和使用其在微信中传输、存储的聊天信息的权利。因此，微信用户在使用华为手机的过程中，未经腾讯的书面许可，并没有权利将智慧助手接入微信。

工业和信息化部也就腾讯和华为的数据之争做出了回应："针对此次腾讯和华为在手机新功能上的分歧，工业和信息化部在用户个人信息保护方面，会依照《电信和互联网用户个人信息保护规定》等有关法律法规，督促企业加强内部管理，自觉规范收集、使用用户个人信息行为，依法保护用户的合法权益。对信息通信企业之间的分歧和纠纷，工业和信息化部会依据职责积极组织协调、引导行业自律，为市场营造良好的秩序。"

7. 数据安全

《数据安全法》规定，数据安全是指通过采取必要措施，确保数据处于有效保护和合法利用的状态，以及具备保障持续安全状态的能力。

随着大数据自由、公开、共享及应用，数据在从采集、存储、关联计算、发布、交易到存档的全流程中都可能"被提取""被记录""被盗用""被关联处理"。例如，随着物联网的发展，人们可以远程操控家里的摄像头、空调、门锁、电饭煲等，这为人们的生活增添更多乐趣和便利，然而部分智能家居产品存在安全问题，使用户的数据安全面临极大的风险，如黑客可以远程随意查看相关用户的网络摄像头拍摄的内容。

3.3.3　大数据伦理问题产生原因及解决之道

1. 大数据伦理问题产生原因

（1）大数据研发者缺乏工程伦理责任意识

大数据研发者缺乏工程伦理责任意识主要体现在以下两个方面。

① 社会伦理责任履行不到位。大数据研发者发现所进行的工程活动可能会侵犯公众的个人隐私、威胁人类的安全时，没有采取适当的途径和方式向相关部门反映，并制止这种行为。

② 没有自觉遵循社会道德行为准则。大数据研发者仅仅关注利用专业技术解决人类社会的实际问题，忽视技术的人文价值和社会效益，未对技术是否会引起伦理问题、是否会产生不良后果进行考量，没有保证技术的应用真正为人们带来福祉。

（2）公众隐私意识缺乏，信息使用者和搜集者的道德义务缺失

大数据时代的技术及开放共享的理念改变着世界的发展和公众的生活习惯。公众降低个人隐私泄露的底线，通常以默许的方式同意软件平台收集自己的个人信息，个人信息不断被网络设备记录、追踪、传播，直到他们发现自己生成的数据信息被大数据组织收集和使用，才意识到隐私意识缺乏和不当行为会引发隐私问题。

信息使用者和搜集者作为责任主体，其自身的道德义务缺失会潜移默化地影响周围人的生活和公共生活。有学者指出，网上能搜索到的数据只占数据总量的20%，80%的数据掌握在企业手中。许多企业为了增强自己在市场上的竞争优势，实现更大的经济利益，把对工具理性的追求看作对企业价值的提升，从而忽视自己的道德义务。

（3）大数据技术应用的信息管理制度和工程伦理规范不完善

利用大数据技术可以广泛收集用户数据，并进行关联分析，这种未经授权收集他人数据的行为造成了对他人隐私的侵犯。同时，大数据技术可以通过其独有的预测、跟踪及分析功能，使人类更多地依赖于智能系统，同时使人类逐渐失去在社会关系中的主体地位，这表明大数据技术的开发和应用没有遵循以人为本的原则。现有法律规范及工程伦理规范不能完全适应大数据工程领域的发展需要，以及解决随着大数据技术发展而产生的新问题。

大数据技术的监管机制还不完善，监管机构权力和责任存在不明确之处，预防性监督措施有待完善，现有的行政处罚不能有效解决大数据技术所带来的各种伦理问题。

（4）共享数据资源分配不均

在大数据时代，数据作为新时代的经济"能源"，谁掌握更多数据就掌握了未来的发展。信息的不对称、信息资源转化成收益的不均衡导致数据资源分配的不均衡。

2. 大数据伦理问题解决之道

为了防范和降低大数据工程的伦理风险，大数据技术的研发、设计与应用应该以技术为核心，以法律、工程伦理规范为红线，以社会进步、增进福祉为目标，从而推动大数据技术治理水平与治理能力的现代化。

（1）**坚持正确伦理观念的价值引领，坚守伦理底线**

大数据技术的应用应吸收中国古代优秀的科技伦理思想，传承中国古代"兴天下之利"的伦理观、"天人合一"的生态伦理思想及"以道驭术"的技术道德规范，坚持以人民为中心，以服务人民、造福人类为根本目的，坚持新时代科技伦理思想，保持科技本身的真、科技成果的善、社会发展的美，满足人民的需要，合理、合法采集和使用数据，提升专业人员的网络安全水平和社会公众的网络安全防护意识，确保他人权利不受侵犯，促进大数据技术健康有序发展。

（2）**保持开放共享心态，确保透明公开**

任何新技术都是在社会经济需求和科技内在逻辑两种合力的推动下出现的，面对尚未熟悉的新技术，人类怀着一种开放的心态坦然接受。在大数据时代，数据信息成为一种新资源，任何数据只要不涉及个人隐私、组织秘密或国家安全，都应该最大限度地向公众开放。大数据时代的人们应具有分享精神，即"我为人人，人人为我"，让数据资源发挥其最大的价值，坚持数据和算法的公开、透明，逐步实现数据和算法可审核、可监督、可追溯、可预测、可信赖，从而实现对个人数据的二次使用的限制，起到规范个人隐私信息使用的作用。

（3）**加强数据立法，完善监督机制**

进入大数据时代，世界各国都非常重视大数据技术的发展，视大数据为重要的战略资源，积极捍卫本国数据主权。因此，在大数据时代，原来适用于小数据时代的诸多法律法规需要更新。

在大数据时代，数据的采集、使用、储存和删除等各个环节都应严格遵守相关数据安全规定、伦理道德及相关法律标准，如为数据利益划定界限，明确数据归属权，确立数据收集标准和收集范围，确立数据存储安全标准，保障个人隐私数据与国家机密数据安全，等等。根据2017年6月1日施行的《网络安全法》，网络运营者收集、使用个人信息，应当遵循合法、正当、必要的原则，不得泄露、篡改、损毁其收集的个人信息，在向第三方提供用户信息时需要获得用户同意。

与此同时，大数据技术通过海量数据挖掘历史来预测未来，建设大数据领域的社会监督机制，充分发挥政府的引导作用，鼓励公众参与大数据应用的监督过程，审视大数据企业行为和个人行为，促进企业或个人道德自律，从而使得大数据技术应用朝着符合国家和公众利益的方向发展。

3.4

本章小结

在现代社会中，人类的工程活动是以科技为基础的，人们对科技的选择和应用将直接或间接地影响工程的进展及发展方向。因此，人类在工程活动中应合理、有效地利用技术，促进人类社会可持续发展。在新时代，中国的守正创新就是基于文化自信的笃守正道、以新制胜，中国在主动求变的创新中坚持正确的方向，为实现中华民族伟大复兴提供具体方案。

3.5

本章习题

1. 小孩的鞋有哪些缺点？请思考后列举出来，并试着构思解决方案。例如，怎么解决小孩自己穿鞋时左右不分的问题？

2. 根据本章案例"困在算法中的骑手们"，查阅相关资料，回答以下问题。

（1）谁"偷走"了骑手的时间和安全？

（2）什么加剧了外卖平台、商家、骑手之间的矛盾？其深层原因是什么？

（3）算法工程师是否违背伦理责任？若你是算法工程师，你应该怎么做？

（4）如何让"算法"遵循"善法"？

3. 阅读"基因编辑婴儿"案例，回答以下问题。

（1）基因编辑婴儿涉及哪些伦理风险？

（2）科技本身是否存在善恶之分？

（3）工程人员在实施科技创新过程中是否要受到伦理道德的约束？

（4）科技的未来走向是否取决于使用者的价值观？

（5）请提出基因编辑婴儿的伦理风险的应对之策。

基因编辑婴儿

人类基因组编辑技术是指在活体基因组中进行DNA插入、删除、修改或替换，从而改变身体特征。2018年11月26日，南方科技大学原副教授贺建奎宣布一对名为"露露"和"娜娜"的基因编辑婴儿在中国诞生。由于利用基因编辑技术对胚胎的CCR5基因进行编辑，这对双胞胎出生后即能抵抗艾滋病病毒。此消息一经发出，引发轩然大波。

2018年11月27日，中国科学技术协会生命科学学会联合体发表声明，坚决反对有违科学精神和伦理道德的所谓科学研究与生物技术应用。世界多个国家的科学家纷纷对贺建奎所做的实验进行谴责，或者保留意见。他们认为这次基因修改面临巨大的不确定性：一方面，被修改的基因将通过这两个婴儿最终融入人类的基因池，使人类面临风险；另一方面，这次实验突破了科学应有的伦理程序，在程序上无法被接受。

该事件经调查后发现，从2016年6月开始，贺建奎为追逐个人名利，蓄意逃避监管，使用安全性和有效性不确切的技术，实施国家明令禁止的以生殖为目的的人类胚胎基因编辑活动。2017年3月至2018年11月，贺建奎通过他人伪造伦理审查书，招募8对志愿者夫妇（艾滋病病毒抗体检测结果：男方阳性、女方阴性）参与实验，最终有2名志愿者怀孕，其中1名生下双胞胎女婴"露露"和"娜娜"。

该行为严重违背伦理道德和科研诚信，严重违反国家有关规定，在国内外造成恶劣影响。2019年12月30日，贺建奎等人被依法追究刑事责任。

4. 阅读"大数据杀熟"案例，回答以下问题。

（1）信息技术会对社会产生哪些影响？

（2）以牺牲部分个人隐私换取整个社会生活质量提升的公共政策和商业创新是否正当？

（3）身处瞬息万变的信息时代，人们如何面对大数据所带来的新的伦理问题？

"大数据杀熟"

2018年以来，有关"大数据杀熟"的问题被频频报道：同一平台、同一时段、同款商品，熟客不仅没享受到商品的优惠价格，反而需要比一般顾客支付更高的价格。

2021年7月7日，绍兴市柯桥区人民法院审理了胡女士诉上海某公司侵权纠纷一案，该案是绍兴市首例顾客在遭遇"大数据杀熟"后成功维权的案例。原告胡女士经常通过该公司提供的App预订机票、酒店，并因此成为该公司的钻石贵宾客户。2020年7月，胡女士像往常一样通过该公司的平台订购舟山某酒店的一间豪华湖景大床房，并支付2 889元。但胡女士在退房时发现，酒店的挂牌房价加上税金总价仅为1 377.63元。胡女士认为她不仅没有享受到钻石贵宾客户应当享受的优惠，反而多支付了一倍的房价。胡女士将该情况反映给该公司，但该公司以其系平台方，并非涉案订单的合同相对方为由，仅退还了部分差价。胡女士不服处理结果并向绍兴市柯桥区市场监督管理局投诉，随之以"大数据杀熟"为由将该公司诉至绍兴市柯桥区人民法院，要求"退一赔三"并要求该App为其增加不同意《服务协议》和《隐私政策》时仍可继续使用的选项，以避免该公司继续采集其个人信息而对其"杀熟"。

绍兴市柯桥区人民法院经审理后认为，该App作为中介平台，应如实报告酒店的房价，但平台向原告承诺钻石贵宾客户享有优惠价，却无价格监管措施，向原告展现了一个溢价超过100%的失实价格，未践行承诺。同时，被告在处理原告的投诉时，告知原告无法退全部差价的理由，经调查与事实不符，存在欺骗，故绍兴市柯桥区人民法院认定被告存在虚假宣传、价格欺诈和欺骗行为。最后，绍兴市柯桥区人民法院判处被告赔偿原告订房差价并按房费差价部分的3倍支付赔偿金，且在其运营的App中为原告增加不同意其现有《服务协议》和《隐私政策》但仍可继续使用App的选项，或者为原告修订App的《服务协议》和《隐私政策》，去除对用户非必要信息采集和使用的相关内容。

"大数据杀熟"是企业利用与顾客之间的数据信息的差异，为顾客提供"不平等"的数据资源的现象。顾客在面对"大数据杀熟"时，往往面临着举证不易、维权困难的困境。这个判例对于保护公民隐私、杜绝"大数据杀熟"有着重要意义。

第4章

识别工程风险

工程实践既是应用科学和技术改造物质世界的自然实践，也是改善社会生活和调整利益关系的社会实践，由此面临着多重风险：一是利用技术建造人工物的质量和安全风险，二是多种技术集成后应用于自然界所带来的环境风险，三是工程应用于社会所导致的部分群体利益冲突和受损的风险。本章首先介绍介绍工程风险的定义与特点、引发工程风险的因素以及工程风险防范与评估，其次介绍工程的普惠性，最后阐述邻避效应。

本章学习目标

（1）理解和掌握工程风险的定义与特点和引发工程风险的因素。

（2）理解工程风险的认知与可接受性。

（3）掌握工程风险的防范和评估原则与程序，理解工程风险评估的主体与方法。

（4）理解工程的服务对象和工程的可及与普惠。

（5）理解和掌握邻避效应的内涵、成因及解决机制。

某电厂冷却塔施工平台坍塌事故

2016年11月，某电厂扩建工程发生冷却塔施工平台坍塌特大事故（见图4.1），事故持续24秒，造成73人死亡、2人受伤，直接经济损失为10 197.2万元。

图4.1 某电厂扩建工程冷却塔施工平台坍塌

事故发生后，当地公安局110指挥中心接到报警并立即通知公安消防大队、120急救中心、应急管理局等单位和部门。市委、市人民政府立即启动省级安全生产事故灾难应急预案并调派公安、安全监管、住房城乡建设、医疗、交通等单位，以及挖掘机、吊车、铲车等重型机械设备赶赴现场展开救援工作。2020年4月，法院对该电厂冷却塔施工平台坍塌特大事故所涉及的9起刑事案件进行了公开宣判，对28名被告人和1个被告单位进行依法判处。

经调查取证，确定该起事故发生的直接原因是施工单位在7号冷却塔第50节筒壁混凝土强度不足的情况下，违规拆除第50节模板，致使第50节筒壁混凝土失去模板支护，不足以承受上部荷载，造成第50节及以上筒壁混凝土和模架体系沿圆周方向向两侧连续倾塌坠落，这导致在施工平台及平桥上的作业人员随同筒壁混凝土及模架体系一起坠落，坠落物对与筒壁内侧连接的平桥附着拉索产生冲击，导致平桥晃动、倾斜，最终整体倒塌，致使7号冷却塔部分已完工工程受损。

导致事故发生的间接原因如下。

1. 建设单位未经论证就压缩工期

建设单位某电厂及其上级公司不但违规大幅度压缩合同工期，将合同工期从437天压缩为110天，而且未按规定对工期压缩的安全影响进行论证和评估。在未经论证、评估的情况下，建设单位与工程总承包单位、监理单位、施工单位共同启动"大干100天"活动。

2. 混凝土供应单位严重违法违规

混凝土供应单位违反合同约定，擅自改变混凝土配合比并添加外加剂，最终导致事故的发生。

3. 施工单位制定的施工方案存在缺陷，施工中未按要求施工

由冷却塔施工单位编制并经工程总承包单位、监理单位、某电厂三期扩建工程建设指挥部审查同意的《7号冷却塔筒壁施工方案》存在严重缺陷。首先，该方案未按规定将筒壁工程定义为危险性较大的工程；其次，该方案仅仅规定筒壁拆模时其上节混凝土强度应达到6兆帕以上，但并未制定拆模时保证上节混凝土强度不低于6兆帕的针对性拆模作业管理控制措施。同时，该方案在危险源辨识及环境辨识与控制部分，对模板工程和混凝土工程中可能发生的坍塌事故仅辨识出一项危险源，即在未充分加固的模板上作业。

此外，施工单位对施工现场管理混乱，对拆模工序管理失控。根据筒壁工程施工要求，筒壁工程施工采用悬挂式脚手架翻模工艺，以3层模架（模板和悬挂式脚手架）为一个循环单元循环向上翻转施工，第1、第2、第3节（自下而上排序）筒壁施工完成后，第4节筒壁施工使用第1节筒壁的模架，随后，第5节筒壁施工使用第2节筒壁的模架，以此类推，依次循环向上施工。在各节筒壁混凝土拆模前，应由施工单位项目部试验员将本节及上一节混凝土会同条件养护试块送到总承包单位项目部指定的第三方试验室进行强度检测，施工单位在获取检测结果报告后视情况再安排劳务作业队伍进行拆模作业。然而，在实际的施工中，除施工单位项目部明确要求暂停拆模的情况外，劳务作业队伍一直自行完成模板搭设、混凝土浇筑、钢筋绑扎、拆模等工序的循环施工。同时，施工单位对气温骤降可能导致的混凝土强度延迟达标的应对管理落实不充分。

4. 工程总承包单位对分包施工单位管控不到位，对安全风险的重视程度不够

工程总承包单位对施工方案审查不严，对分包施工单位缺乏有效管控，未发现和制止施工单位项目部违规拆模等行为。其上级公司未有效督促其认真执行安全生产法规标准。

5. 监理单位对现场监理工作严重失职，对安全生产工作的重视程度不够

监理单位未按照规定要求细化监理措施，对拆模工序等风险控制点失管失控，未纠正施工单位违规拆模行为。其上级公司对其安全质量工作中存在的问题督促检查不力。

★ 思考

人们在从事工程活动时，如何正确认识工程风险？工程活动中的各个利益群体在工程风险中应该负有哪些责任？

4.1

工程风险概述

4.1.1 工程风险的定义与特点

1. 工程风险的定义

工程风险是指诸如自然、经济、政治、工程技术等不确定性因素可能引发的工程事件或工程事故，会对人们的健康和生命财产、社会及生态环境产生不利影响。

工程风险 R 可以表示为工程风险发生的概率及其损害后果的函数，即

$$R = \sum_{i=1}^{n} r_i = \sum_{i=1}^{n} p_i \cdot c_i$$

其中：r_i 表示具体事件 i 的风险，p_i 表示具体事件 i 发生风险的概率，c_i 表示具体事件 i 所产生的损害后果。

工程活动是具有内在风险的实践活动。由于工程系统受到内、外因素的干扰，工程系统趋于不稳定，会从有序状态回归到无序状态，而无序状态则易酝酿风险，因此，绝对安全的工程是不存在的。

2. 工程风险的特点

工程风险的特点可概括为以下5个方面。

① 客观性。由于工程系统内部和外部总是存在各种不确定性因素，无论工程规范制定得多么完善和严格，零工程风险的工程几乎是不存在的，这说明工程风险具有客观性。

② 主观性。工程活动本身是人的实践活动，对于客观的工程风险，人是可以在主观层面上感知的。

③ 不确定性。由于人类的知识尚处于不完备阶段，人类的认知水平是有限的，工程风险的发生在一定条件下受到各种不确定性因素的影响，因此工程风险发生的时间、导致的后果等都是不确定的。

④ 可预测性。工程主体可以借助工程经验和工程资料，通过分析研究，对工程可能发生的风险进行评估和预测。

⑤ 可变性。工程风险性质的变化使得工程风险导致的后果也会发生变化。

4.1.2 引发工程风险的因素

工程是一个复杂的系统，工程风险存在于工程的全生命周期。引发工程风险的因素是多种多样的，总体来看，工程风险主要由3种因素造成。

1. 技术因素

（1）零部件老化

每个工程系统都有相应的使用年限，工程系统的整体使用年限往往取决于使用年限最短的关键零部件。当某些关键零部件的使用时长达到一定年限之后，工程系统的功能及性能会变得不稳定，工程系统从而会处于极大的隐患之中。

国家市场监督管理总局统计，从2005年开始，电梯事故每年发生40起左右，死亡人数在30人左右，其中80%以上电梯事故的发生原因是电梯的零部件老化，维护和保养不到位。2015年7月26日，在湖北荆州就出现了震惊全国的电梯吞人事故：一名抱着孩子的女性在走进电梯的一瞬间，陷入电梯的空隙里。这个事故产生的原因就是电梯的零部件老化导致前踏板松动。

（2）控制系统失灵

现代工程通常是由多个子系统构成的集成化、智能化的大系统。当这类智能系统面对突发情况而无法应对时，就会带来安全隐患。例如，2011年7月23日20点34分发生的列车追尾事故就是由于列车控制中心设备存在严重的设计缺陷。该设备采集电路发生保险管熔断，这导致后续时段轨道实际上有车占用的时候，该设备仍按照无车占用状态进行控制输出，从而造成严重的列车追尾事故。

（3）非线性作用

非线性系统发生变化的原因非常复杂，有时该系统对外界的强烈变化没有任何反应，有时该系统对外界轻微的干扰就会产生剧烈的反应，这加剧了工程风险发生的不确定性。

例如，美国东部时间2003年8月14日，北美地区大面积停电。这个事故导致美国和加拿大的21座电厂停止运行，100多所电厂跳闸，负荷损失总计6 180万千瓦，停电范围为9 300多平方英里（1平方英里≈2.59平方千米），涉及美国的密歇根州、俄亥俄州、纽约州、新泽西州、马萨诸塞州、康涅狄格州等8个州和加拿大的安大略省、魁北克省，受影响的居民约有5 000万人，直到8月15日晚9时30分，纽约州在停电29小时后才全面恢复供电。这次停电事故是北美继1965年、1977年的两次大停电之后最为严重的停电事故。整个事故的起因实际上只是位于俄亥俄州的一处线路跳闸，接着便发生了一系列连锁反应——系统发生震荡、局部系统电压进一步降低、发电机组跳闸、系统功率缺额增多、电压崩溃、更多发电机和输电线路跳开，从而引起北美地区大面积停电。

2．环境因素

（1）气候条件

良好的气候条件是保障工程安全运行的一个重要因素。任何工程在设计之初，需设定抵御气候突变的阈值，即气候变化一旦超过了设定阈值，工程安全就会受到威胁。例如，2022年，四川省遭遇了60年一遇的极端高温天气，极端高温导致干旱、上游来水少、水力发电量大幅减少，进而导致电力短缺。

（2）自然灾害

工程在设计时没有充分考虑自然界演变和发展的规律，对自然灾害这类小概率事件缺乏足够的认识，没有充分估计其危害性。例如，2011年3月11日，日本的东北部海域发生9级地震，引发高达10米的强烈海啸，这导致日本东京电力公司下属的福岛核电站一、二、三号运行机组紧急停运，从而造成当时整个核电站的外部电源和内部电源同时失灵，导致核电站迅速升温并发生爆炸，进而造成严重的核原料、核废料泄漏。

3．人为因素

工程包含计划、设计、实施、使用和结束等多个环节，所有环节都离不开人的参与，因此人为因素成为工程风险的一个重要来源。

（1）工程设计理念

一个好的工程设计应该在前期进行周密的调研，充分考虑到经济、政治、文化、社会、技术、环境、地理等相关因素，经过相关专家和利益相关者的全面统筹、系统思考、反复论证才能确定。否则，将可能产生不可逆转的后果。

（2）工程质量控制

施工质量是工程的生命线，有的利益相关者有时为了降低工程成本，人为削减必要投资，使用劣质材料和不良技术，甚至偷工减料，不按照施工要求和规范施工。工程一旦在施工环节出现质量问题，就会产生极大的安全隐患。

湖南省凤凰县堤溪沱江大桥坍塌事故

湖南省凤凰县堤溪沱江大桥位于湖南省湘西土家族苗族自治州凤凰县至铜仁凤凰机场的二级公路堤溪段。堤溪沱江大桥为大型双向二车道四孔连拱石拱桥（见图4.2），桥长320米，共4孔，每孔跨度为65米，桥高42米，总投资为1 200万元。

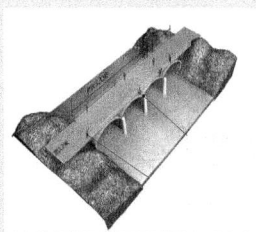

图4.2 湖南省凤凰县堤溪沱江大桥示意图

堤溪沱江大桥于2004年3月12日开工建设，于2007年7月15日完成主体工程后开始卸架。2007年8月13日，堤溪沱江大桥发生垮塌，导致64人遇难，22人受伤，直接经济损失为3 974.7万元。

事故调查结果显示，原设计的主拱圈和桥墩的强度与刚度满足规范要求，原设计的结构布置、结构尺寸、选用材料较为合理，设计的施工工序基本可行。但在大桥施工过程中，主拱圈砌筑材料未达到规范和设计要求：一是没有按照"60号块石，形状大致方正"的设计要求控制拱石规格，而是采用重50～200千克且未经加工的毛石；二是主拱圈砌体未完全按"用20号小石子混凝土砌筑60号块石"的要求施工，部分砌体采用了水泥砂浆，主拱圈大部分砌体小石子混凝土强度低于设计规范要求值，其中1号孔1～2号横墙之间的主拱圈砌体小石子混凝土的实测抗压强度最低；三是碎石含泥量为2.6%，超过不大于2%的标准；四是施工采用的普通硅酸盐水泥（等级32.5）不合格，烧失量为5.22%～5.98%，不能满足不大于5%的标准要求。

此外，砌筑工艺也不符合规范规定：一是原设计要求主拱圈采用"二环、二三带、六段"方法进行砌筑，而实际施工更改为"三环、五带、六段"，按"田"字形或分割为更多条块的方式无序砌筑，导致砌体整体性差；二是主拱圈、横墙、腹拱、侧墙连续施工，并在主拱圈未完全达到设计强度时即进行落架施工作业，造成砌体未达到最低要求的养护期，拱圈提前承受拱上荷载，降低了砌体的整体性和强度；三是拱圈砌体强度尚在发展中，弹性模量较低，腹拱、侧墙及填料等加载不均衡、不对称，导致拱圈变形及受力不匀；四是各环在不同温度下无序合龙，这造成拱圈内产生附加的永存的温度应力，降低了拱圈强度；五是拱圈砌筑质量差，砌缝宽度极不均匀，最宽处超过10厘米（设计要求不宽于5厘米），部分砌筑不密实，未进行分层振捣，砌体存在空洞（大的空洞直径超过15厘米），下雨或洒水养护时桥下漏水现象较普遍。

由于施工单位严重违反桥梁建设的法规标准，在施工环节中盲目赶工期，施工过程极其不规范，偷工减料现象严重，因此堤溪沱江大桥的主拱圈砌筑材料未满足规范和设计要求，施工工序不合理，在主拱圈未达到设计强度的情况下就开始落架施工作业，加之监理、质监部门监管不到位，没有认真履行相关的安全责任和义务，给工程留下严重的安全隐患。最终随着堤溪沱江大桥拱上荷载的不断增加，在1号孔主拱圈靠近0号桥台一侧3～4米的范围内，2号腹拱下的拱脚区段砌体强度达到破坏极限而坍塌，受连拱效应影响，整个大桥迅速坍塌。

（3）操作人员的渎职行为

渎职行为是指专业人员在履行职责或行使职权过程中，玩忽职守、滥用职权或者徇私舞弊，导致国家财产和群众利益遭受重大损失的行为。

我们在分析工程风险因素时，不能局限于某个因素，因为工程风险的发生是多种因素共同作用的结果，我们应透过现象看本质，系统全面地分析工程风险发生的原因。

4.2

工程风险防范与评估

4.2.1 工程风险认知与可接受性

不同的人对工程风险的感知具有差异性，即工程风险认知不同。所谓工程风险认知，是指人们对客观工程风险的主观性认识，是客观工程风险在主观层面的感受、知觉、判断和体验的总和。这种工程风险的主观建构性导致人们对工程风险存在认知偏差。人们对自己不熟悉的事物，往往会高估风险；而对自己熟悉的事物，往往会过高地估计自己主观判断的准确性，从而低估风险。例如，飞机造成人员伤亡的概率是非常小的，但大部分公众对此并不认同，反而认为车祸造成人员伤亡的概率远远低于飞机造成人员伤亡的概率。使风险认知扩大和缩小的心理因素如表4.1所示。

工程风险的可接受性指的是人们在生理和心理上对工程风险的承受程度和容忍程度。工程风险的可接受性往往取决于这个风险是否是随机的（不可控的），这个风险是否是人们心甘情愿接受的，以及公众是否会质疑相关工程项目。例如，福特平托车自燃事故的风险就是消费者不能心甘情愿接受的，这是因为这种风险是可以预测和避免的，之所以产生这种风险是因为汽车设计的缺陷及福特汽车公司明知会发生安全事故而不作为（具体案例参阅2.6节中的"福特平托车事件始末"案例）。

表4.1　使风险认知扩大和缩小的心理因素

风险认知扩大	风险认知缩小	风险认知扩大	风险认知缩小
不熟悉	熟悉	不公平的	公平的
他控的	自控的	强加的	自愿的
人为的	自然的	信源不可靠的	信源可靠的
无益的	有益的	非媒体的	媒体的

4.2.2 工程风险防范

工程风险具有可预测的特点，因此在一定程度上是可以防范的。

1. 构建安全文化

"天地之性人为贵"，首先，安全文化应体现以人为本的理念，将公众的安全、健康和福祉放在首位，尊重公众的生命权和生存权。其次，安全文化应体现按科学规律办事，有效划分安全等级，严格遵守安全生产和质量管控规范。最后，安全文化要体现强烈的责任意识，把安全责任落实到位。

2. 重视工程质量

工程质量是决定工程成败的关键。没有工程质量作为前提，就没有投资效益、工程进度和社会信誉。中国古代的许多工程历经数百年、数千年而不衰，就是因为古人重视工程质量。

当前，工程质量可通过工程质量监理制度加以保证。该制度是专门针对工程质量而设置的一项制度，它是保障工程安全、防范工程风险的一道有力防线。工程质量监理对施工全过程进行检查、监督和管理，以消除影响工程质量的各种不利因素，使工程项目符合合同、图纸、技术规范和质量标准等方面的要求。

📖 **案例**

福寿沟

福寿沟（见图4.3）位于江西省赣州市，是赣州市老城区的一个防洪排涝系统，主沟全长12.6千米。北宋熙宁年间（1068—1077年），时任知州的水利专家刘彝根据街道布局和地形特点，采取分区排水的原则，主持建设两个排水干道系统，因其布局走向貌似篆书的"福寿"二字，故名"福寿沟"。

图4.3 福寿沟

福寿沟主要由4部分组成。一是地下排水沟。通过改造，长12.6千米的明沟改为暗沟，沟渠沿途设置篦子（铜钱状的排水孔）、度龙桥、沉井、狮子扒等水利构件。二是城外防洪墙。老城区古城墙及建春门、涌金门、北门3座防洪闸至今仍发挥着重要的防洪作用。三是地面池塘。城内建有凤凰池、金鱼池、嘶马池及其他大小池塘共计84口，池塘有调蓄城内径流的作用，是福寿沟的重要组成部分。四是水窗。福寿沟建有12个防止洪水倒灌的水窗，利用地势高差，连通城内坑塘水系蓄洪，当水位高于出水口时，利用洪水的压力将水窗关闭，阻挡洪水倒灌。当洪水消退，水位低于出水口时，可利用沟中的水将水窗冲开排涝。

福寿沟作为一个至今仍在使用的古代城市排水系统，比巴黎排水系统、东京排水系统分别早了800多年和900多年，它集通、集、运、滤、蓄、排为一体，包含着古人巧妙的设计和无穷的智慧，为世界防洪体系提供了中国方案，贡献了中国智慧。福寿沟之所以至今仍能造福市民，与当时的科学设计和精心建造是分不开的，这体现了中国古人重质量、有良心、负责任的工程精神，因此，福寿沟被誉为"一颗跳动千年的城市良心"。

3. 着眼细节

在巴西亚马孙河流域的雨林里，一只蝴蝶偶尔扇动几下翅膀，就带动身旁的空气产生十分微弱的风，而这些微弱的风又带动了它们身边的空气，产生了更大范围的风，由此延续下去，最终在美国得克萨斯州演变成一场巨大的龙卷风，这就是所谓的"蝴蝶效应"。

"蝴蝶效应"告诉我们，事物发展之初的任何微弱变化和偏差，都会对最终结果产生极为重大的影响。著名水利学家张光斗曾经说过："问题可能就出在一个不合格的螺丝钉上。"螺丝钉虽小，却可能酿成重大的质量和安全事故。因此，工程风险无小事。正如古人云：祸患积于忽微。例如，1957年建设的武汉长江大桥每天的汽车通行量已由50年前的数千辆上升到如今的近10万辆，武汉长江大桥也经受了无数次洪水、大风的洗礼及70多次撞击，稳定性依然良好。武汉长江大桥之所以有这样高的质量，就是因为其在修建时所有建筑材料都按照严格的标准进行甄选，大桥的每一处细节，乃至铆钉，都一一经过严格的检验。

4. 完善预警机制与制定应急预案

工程风险可以通过有效的设计、对过程的控制及事发后的应急处理等进行有效预防。工程预警系统是预防事故发生的有效措施之一。通过工程预防，工程主体能在一定程度上预判工程风险发生的概率，从而提前做好应对风险的准备。

工程风险预防包含两个方面。

① 对重复性事故的预防：对已发生的事故进行分析，寻求事故发生的原因，提出预防此类事故发生的措施，避免此类事故再次发生。

② 对可能出现的事故的预防：针对可能要发生的事故进行预测，查出存在哪些危险因素，并对其可能导致什么事故进行研究，模拟事故发生过程，提出消除危险因素的办法，避免事故发生。

为了有效应对工程事故，还要事先准备一套完善的事故应急预案，以保证在事故发生后能迅速、有序地开展应急与救援行动，降低人员伤亡风险和经济损失，而不是等到事故发生之后才临时组织相关力量进行救援。

完善预警机制，制定事故应急预案，应遵循以下基本原则。

（1）预防为主，防治结合

工程事故的发生具有不确定性，平时一方面要加强社会安全教育、防灾教育和应急演练，培训救援队伍，提升公众的防灾意识、安全意识和自救能力；另一方面要加强安全隐患排查，强化日常监督管理。事故发生后要及时总结，完善安全制度，强化安全管理，预防同类事故再次发生。

（2）快速响应，积极面对

事故发生后，应在第一时间做出反应，以最大限度减少二次伤亡。专业应急处理人员应及时到位，鼓励民间的救援组织和志愿者有序参与救援行动。

（3）以人为本，生命第一

把人的生命权放在首位，尽一切力量挽救生命。

（4）统一指挥，协同联动

参与救援的部门和人员要听从救援指挥部门的统一指挥和领导，从而有效调动人力、物力和财力，开展及时有效的救援，把损失降到最低。

例如，在本章的"湖南省凤凰县堤溪沱江大桥坍塌事故"案例中，在接到事故报告后，湖南省委、省人民政府及时明确责任分工，紧急部署搜救工作，并要求迅速调集各种力量，全力以赴搜救遇险人员。在省、州、县三级的调度下，迅速集结了一支含党政机关工作人员、公安、交警、武警、消防、民兵、医务人员等2 000多人的救援队伍，动用救援机械100多台

（套），这为全力抢救受伤人员、运送遇难人员、搜救失踪人员提供了保障。同时，通过制订合理的药品、设备使用计划，及时调度药品器械，对沱江水定时采样化验，并利用通报、电视等形式及时将化验结果向社会公布，医疗救治和疾病预防控制工作得到有效开展。堤溪沱江大桥坍塌事故发生后，先后有60多家新闻媒体前来现场采访，其中有个别媒体恶意炒作，混淆视听，误导舆论。对此，省、州、县宣传部门果断采取有力措施，牢牢把握舆论主动权，为事故的成功处置营造了良好舆论氛围。在党中央、国务院的高度重视和湖南省委、省人民政府的正确领导下，在国家有关部委和省内相关部门及社会各界的共同努力和大力支持下，经过123小时的连续奋战，到2007年8月18日19：40，堤溪沱江大桥坍塌事故搜救工作圆满结束。在整个事故处置过程中，相关部门反应迅速，决策得当，措施有力，配合密切，实现了在危急关头阵脚不乱、人心不散、秩序井然、工作开展顺利的效果，取得了社会各界和广大群众的充分理解。

5. 制度约束

首先，建立健全安全管理的法规体系；其次，建立并落实安全生产问责机制，以起到警示和惩戒作用；最后，建立良好的媒体监督机制，营造良好的舆论监督环境，反映社情民意、弘扬善良正义、揭露荒诞丑恶，尊重新闻媒体传递信息的基本功能，自觉接受新闻媒体的监督。

4.2.3 工程风险评估原则与程序

1. 工程风险评估原则

为了保证公众的健康、安全和福祉，达到工程向善的目的，工程风险评估应遵循以下几个原则。

（1）以人为本

以人为本意味着在工程风险评估中强调人不是手段而是目的的伦理思想，充分保障公众的安全、健康和全面发展。在具体实践中，以人为本包括重视公众对工程风险信息的及时了解，尊重当事人的知情同意权，关注弱势群体，保障社会成员的基本权利，充分尊重每个社会成员对社会的基本贡献和对每个社会成员的尊严进行肯定。

知情同意权是工程主体与公众沟通的保障，知情同意主体应在不受强迫、误导或欺骗的情况下，充分了解工程风险及其可能导致的后果。工程主体不能因对新知识的探索、利益的追逐，或对规则狭义的遵守而使知情同意主体受到伤害。

（2）预防为主

首先，预防为主表现在对人的尊重与保护上。随着公众越来越重视自身的安全利益，相关主体在工程活动中应按照系统、科学的管理思想，以及事故发生的规律和特点，充分预见工程可能产生的负面效应，把可能导致事故发生的所有机理或因素消除在事故发生之前，做到防患于未然。

其次，预防为主表现为对"物"的尊重与保护。"物"指的是与人相联系的一切外部存在。在具体工程活动中，相关主体不能片面追求人的利益，而忽视了对于生态环境等"物"的保护。例如，辛克雷水电站项目于2016年4月13日开始正式投入使用，在防洪和航运等方面发挥着巨大的作用，成为厄瓜多尔综合效益最大的水利枢纽。但实际上，辛克雷水电站项目不仅引发了项目所在地区水土流失和耕地被淹没等问题，还危害了当地生态，造成生物多样性减少。

（3）整体主义

任何工程活动都离不开其所处的社会环境和生态环境：一方面，工程活动受到社会环境和生态环境的约束；另一方面，工程活动又会对社会环境和生态环境产生影响。美国工程伦理学家查尔斯·哈里斯曾指出，"工程师偏向于权衡工程损失与利得的可能性；社会公众偏向于考虑风险的公平分配、自愿认定及自身获利；工程管理者则更偏向整体利益布局，既要平衡风险与得失，又要使公众远离伤害"。

在工程风险评估过程中，各利益主体应当保持审慎的态度，注重彼此间的配合与协调，做到具体工程风险具体分析，不仅要对工程本身的目的、手段和后果做具体分析，还要区分工程所处的时空环境，注意维护社会整体的利益和社会的稳定发展，避免因建设发展不平衡而引发社会问题。同时，工程建设应坚守生态安全的底线，最大限度地保护生态的完整性。

（4）社会公正

所谓社会公正，是指以制度的方式确认社会中的每个成员从工程结果中获得其应得的资源、利益和机会。在工程活动中，由于各利益主体所处的位置不同、所掌握的信息不对等，其应对工程风险的能力存在差异，所以在面对工程风险时，各利益主体往往从自身利益出发，互相指责，推诿责任，使得最终的工程风险责任承担者可能是该群体中最弱势的部分，从而产生社会不公正现象，影响社会的稳定。因此，社会公正作为人类社会发展的基石，对促进社会的稳定发展、减少工程风险的发生具有重要的作用。

社会公正具有明显的价值取向，我们应强调这种价值取向的正当性，即社会公正以不侵犯他人权益为界限，保证社会成员具有相同的基本权利，摒弃先赋性因素等不公正因素的影响，保证每个社会成员拥有平等竞争的条件，享有大致相同的基本发展机会。公正不等于平等，实际上，公正还规定了不平等的程度。社会公正本质上平衡的是人与人之间的利益关系，通过社会制度调整利益分配的不平等，并对弱势群体给予更多关注。

社会公正具有如下4种类型。

① 补偿公正：利益受损者因受到损失或伤害而获得充分赔偿后所取得的公正结果。围绕补偿公正展开的核心议题包括受害人应该得到多少赔偿，应该在什么情况下给予补偿，对谁补偿，以及由谁补偿。补偿公正主张根据历史、文化、经济条件有偏向性地制定相关政策，以得到一个相对公平的结果。

② 惩罚公正：对做坏事的人员进行惩罚。

③ 程序公正：通过政策、程序、准则来消除争议或使协商结果具有公平性。程序公正所主张的中立程序适用于任何群体。

④ 分配公正：公正地为社会成员分配福利和负担。在资源有限的环境中，社会整体对现有的资源如何进行分配，直接体现社会的公平程度。工程领域里的分配公正主要是指：工程活动不应该危及个体与特定人群基本的生存与发展需要的满足；不同的利益集团和个体应该合理地分担工程活动所涉及的成本、风险与效益；对于因工程活动而处于相对不利地位的个人与群体，社会应给予适当的帮助和补偿，如经济补偿、政策优惠、身体健康方面的特别照顾等。

实现分配公正的基本途径是本着"全员共享、普遍受益"的宗旨，在追求不同利益与价值的个人与团体间的对话的基础上，形成有普遍约束力的分配与补偿制度。

2. 工程风险评估程序

（1）信息公开

社会公众依靠专业人员所传播的信息理解和评价工程所具有的价值和面临的风险。工程师和业内专家应做好科学普及工作，他们有义务将有关工程风险的信息客观地传达给决策者、媒体和公众，使其了解和掌握其中涉及的科学知识。正如拉宾·诺维奇所说，"只有公众了解核能技术发展隐含的可能的灾难，必要的道德发展才能防止滥用核能"。

决策者应尽可能使风险管理目标保持科学，认真听取公众的声音，组织各方就风险的界定和防范达成共识。媒体也应该无偏见地传播相关信息，正确引导公众监督工程共同体的决策。

（2）利益相关者的确定

利益相关者的确定过程是一个多次酝酿的过程，包括主要管理负责人的确定、主要工程负责人的确定、主要工程参与人员的确定、参与风险听证会的社会公众或专家学者的选定等。利益相关者要遵循周全、准确、不遗漏的原则来进行选择，并分析工程分别给利益相关者带来的收益与可能面临的损失。

（3）充分商谈和对话

根据民主原则，不同利益相关者应充分表达他们的意见及合理诉求，以实现风险评估者、风险管理者、其他相关组织及个体之间的有效交互。通过沟通，风险管理者可以改变个体对风险的认知，提高自身的公信力，使各项政策措施落到实处，赢得公众的信任和支持。工程风险评估不是通过一次对话就能完成的，往往需要反复协商，这样才能充分发现工程中存在的各种潜在风险。

4.2.4 工程风险评估主体与方法

1. 工程风险评估主体

评估主体在工程风险评估体系中处于核心地位，发挥着主导作用，决定着工程风险评估结果的准确性和有效性。工程风险评估主体可分为内部评估主体和外部评估主体。内部评估主体指参与工程决策、设计、建设、使用的组织和个人，包括工程师、工人、投资者、管理者及其他利益相关者等；外部评估主体指工程主体以外的组织和个人，主要包括相关领域的专家学者、民间组织、新闻传媒和社会公众。

（1）工程师评估

工程师兼具职业责任和社会责任，基于职业责任，工程师在评估工程风险时容易"眼光迷离""游移不定"。因此，进行工程风险评估时，工程师应更多考虑自身所承担的社会责任。

（2）专家评估

专家具有相关领域的专业知识，能比一般人更准确地了解工程的内涵及工程风险的真实程度。专家通常根据幸福最大化的原则，利用成本效益分析法对工程风险进行评估。

（3）政府评估

工程风险的直接承受者是公众，政府评估会从工程的社会层面考察工程的可能后果，其关注点不是风险和收益的关系，而是广大公众的切身利益。公众通过现场调查、网上调查、论证会、座谈会、听证会等形式参与工程风险评估，企业和政府了解公众的真实需求，有助于促进工程决策的科学化、民主化，最大限度地保障公共利益。政府评估与专家评估形成互补，这使工程风险评估主体更加全面。

（4）公众评估

公众不奢求工程绝对安全，但期望能把风险控制在可接受的范围之内，即实现风险可控。

公众评估结果不仅取决于对风险的定量估计，还取决于他们对企业、政府相关部门的信任程度，公众评估更加强调公众是否受到尊重、是否能充分行使自由选择权和知情同意权，风险的分配是否公平，公众的利益是否不受到损害。

2. 工程风险评估方法

工程风险评估包括工程技术评估和工程社会评估，二者缺一不可。

工程技术评估是从技术层面上论证工程的可行性的，主要包括技术是否完善可行、技术设计是否完整全面、是否具备与工程相关联的其他技术与条件等。例如，在修建青藏铁路初期存在冻土太硬、高原缺氧、生态环境脆弱等技术难题，工程人员的技术水平还不足以解决这些技术难题。但工程人员经过不懈努力，终于克服了这些技术难题，建成了青藏铁路。

工程社会评估包括经济评估、生态评估和安全评估。经济评估反映工程是否在满足人类的需要的同时平衡好成本和利润。生态评估反映人们在从事工程活动的同时，是否有效保护生态环境。安全评估反映人们特别是当地的人们对工程的认同与满意程度。

常见的工程风险评估方法有德尔菲法、关联树法、因果分析法、流程图法、头脑风暴法等。本书仅介绍德尔菲法和关联树法这两种工程风险评估方法，其余工程风险评估方法请读者自行查阅相关文献和资料。

（1）德尔菲法

德尔菲法是20世纪50年代初美国兰德公司提出的。该方法又称为专家意见集中法，即将调查意见逐步集中，直至意见在一定程度上达成一致。其基本实施步骤为：①由工程风险管理人员提出灾害风险问卷调查方案，制定专家调查表；②邀请若干专家阅读背景材料和工程设计资料，回答有关问题，填写调查表；③工程风险管理人员收集整理专家意见，把汇总结果反馈给各位专家；④专家进行下一轮填表，直至专家的意见趋于一致，进而识别出重要的风险因素。在此基础上，工程风险管理人员综合考虑工程风险的概率与后果，结合相关风险的接受准则和评价标准，对系统风险进行综合分析与评价，判断和检验系统风险是否可接受，同时评判系统风险的等级，为风险决策提供科学依据。

使用德尔菲法所得结论的准确度较高，但专家间缺少思想交流。

（2）关联树法

关联树法是利用树状图将工程风险逐层拆分的方法。该方法易于实施，可在一定程度上减少信息不对称所带来的损失。该方法的不足之处是结论的主观性较强，部分指标的最优值难以确定。

4.3
工程的普惠性

4.3.1　工程的服务对象

工程将资金、技术、人力、物力等资源在特定的时空点聚集，工程的利益分配本就已经嵌入工程目标，不同利益群体从工程中所获得的利益不同。因此，工程的利益分配决定了工程服务于特定的人群，不可能服务于所有人。

在市场经济中，产品或者服务是联系企业（工程）与消费者（社会）的重要纽带，企业通过瞄准目标市场和目标人群向其提供产品或服务，实现企业利润最大化，而价格成为企业与消费者之间利益关系的直接反映，起到了门槛的作用。

企业在产品或服务的开发和生产过程中，按照人们的购买能力确定哪些人能够首先享受产品或服务，或者确定人们享受产品或服务的顺序，并将人群划分为首要关注对象、次要关注对象和辐射对象。人群的划分直接影响产品或服务在人群中的分配格局，企业通过价格配置资源，这样就能把没有购买力的人群排除在产品或服务（工程结果）的享受之外。这种不能享受工程结果的现象称作"排除"，当然这种排除和主观意味更强的歧视是不同的，但这种现象不符合当今中国所倡导的"共享发展"理念。

4.3.2 工程的可及与普惠

当人们期望享受工程结果时，价格不仅是重要的经济因素，还内含着强烈的社会伦理。例如，一些廉价的"救命药"，因药价太低，企业没有利润，从而出现大面积断供的现象。如何让更多人享受工程结果？企业应如何提升工程的可及性与普惠性，增加工程的道德厚度？

1. 放弃或部分放弃技术专利所带来的超额利润，主动降低价格

企业不仅是一个经济实体，也是一个伦理实体，不能仅仅以获取利润为目标，也应承担除经济责任以外的社会责任，这是每个企业的义务。

企业应不断通过技术创新提升产品质量和性能，同时也应通过让渡技术所带来的利润，降低产品的价格，让更多人享受工程结果。这不仅有利于提升企业的道德高度和社会形象，也为企业带来巨大的无形财富，能促进企业的良性发展。

2. 产品系列化，以满足不同人群的需求

企业对目标人群的设定不能仅仅依靠经济标准，企业还需要考虑不同人群的实际需求，设立除经济标准以外的功利主义标准、平等标准、协商标准及爱国和同胞标准等其他标准，通过增加或减少产品的功能，实现产品系列化，从而使目标人群范围最大化。

3. 降低产品使用的技术门槛

除了价格因素外，人们能否享受产品所带来的好处有时还取决于人们的知识和技能水平，特别是对于高新技术产品而言。例如，打车软件的盛行造成了一些老年人打不到出租车。因此，企业有义务降低产品使用的技术门槛，向公众普及科学和技术知识，提高公众的科学技术素质。

★ 案例

大爱无疆——基因重组乙肝疫苗技术转让

20世纪70年代至80年代末期，中国医疗条件落后，人们对于病毒防治的意识也较弱，这导致两次大规模的乙肝病毒爆发。1970—1992年，中国的乙肝患者激增，1992年高峰时乙肝病毒感染者达到1.2亿人，占据同期全球携带者总数的三成多。面对如此严峻的形势，乙肝疫苗的研制已经刻不容缓。

　　中国一直致力于自主研发乙肝疫苗。1975年，陶其敏教授成功研制出第一代血源性乙肝疫苗。但直到1985年，赵铠团队的血源性乙肝疫苗工艺才通过国家鉴定，但该疫苗只能小规模生产且良品率不高，因此国内新生儿只能注射产量极低、成本极高、安全性有待提升的血源性乙肝疫苗。

　　默沙东公司成立于1668年，是全球规模最大的制药企业之一。默沙东公司研发的乙肝疫苗是当时全世界效果最好的乙肝疫苗。1984年，中国卫生部门派遣代表团赴默沙东公司参观，学习当时世界上最先进的基因重组乙肝疫苗技术。赵铠教授对比了默沙东公司的基因重组乙肝疫苗和国内自研的血源性乙肝疫苗后认为，如果中国完全自研乙肝疫苗，国产乙肝疫苗要达到默沙东公司的乙肝疫苗相同的效果，需要10～15年时间，因此他建议有关方面直接引进默沙东公司的基因重组乙肝疫苗。

　　1988年，中国代表团与默沙东公司就基因重组乙肝疫苗技术转让进行谈判。最初，默沙东公司希望以"每人100美元"的价格向中国出售乙肝疫苗。按照当时中国每年有2 000万名新生儿计算，中国每年需要花费20亿美元，这一价格远远超过了中国的预期，谈判一度陷入僵局。

　　谈判断断续续持续了一年，在这期间，默沙东公司的总裁了解到中国当时的经济情况及中国民众面临乙肝的威胁后，决定放弃数百亿美元的利润，最终于1989年以700万美元的底价将默沙东公司的基因重组乙肝疫苗技术及生产线转让给中国。根据协议，默沙东公司向中国提供基因重组乙肝疫苗全套技术，帮助中国培训人员，不收取任何专利费，也不在中国出售默沙东公司生产的基因重组乙肝疫苗。从1990年5月起的一年半内，中国工程技术人员先后到默沙东公司接受系统培训、购买设备。默沙东公司派遣工程师到北京、广东深圳帮助中国建立世界领先的基因重组乙肝疫苗生产厂，指导两家企业在中国生产基因重组乙肝疫苗。

　　1993年，中国成功生产出第一批基因重组乙肝疫苗，开启中国新生儿接种基因重组乙肝疫苗的进程。基因重组乙肝疫苗作为国家计划免疫项目的一部分，卫生部门建议所有新生儿接种基因重组乙肝疫苗。随着基因重组乙肝疫苗在中国投产使用，其成本显著降低，新生儿乙肝疫苗接种率逐年上升，乙肝病毒的感染率也呈下降趋势。1992年，只有30%的中国新生儿接种了乙肝疫苗，到2005年的时候，新生儿乙肝疫苗接种率已经达到了90%。当今的中国实行新生儿乙肝疫苗强制接种计划，每个新生儿都会在出生后的24小时内接种首针乙肝疫苗。至此，中国真正控制住了乙肝病毒在中国的传播，避免了数百万中国人死于肝癌，节省了巨大的社会成本。2014年，世界卫生组织表彰中国在防控儿童乙肝方面所取得的突出成就，称赞中国的乙肝疫苗接种项目显著降低了儿童中的乙肝病毒感染率。

　　默沙东公司以近乎免费的方式向中国转让了基因重组乙肝疫苗技术，在1993—2018年，造福了至少5亿名中国新生儿。默沙东公司总裁多次表示："药物是为人类而生产的，不是为追求利润而制造的。只要坚守这一信念，利润必将随之而来。"

4.4 邻避效应

1. 邻避效应的定义

邻避效应（Not In My Backyard，NIMB）是指当地居民或单位因为担心工程对身体健康、资产价值及环境质量等带来负面影响，而产生"不要建在我家后院"的邻避心理，进而采取强烈而坚决的，甚至高度情绪化的集体反对和抗争行为。

邻避效应反映了工程所产生的公共效益为广大人群所享受，但是工程周围的居民却承受着工程所带来的危害，或者担心受到危害，大众与工程周围的居民之间出现了利益与损失分配不平衡的现象。"大家受益，为什么受损者偏偏是我"成为工程周围居民抗议的焦点，这也是工程伦理的关注点之一。邻避效应如果处理不好，不仅会影响工程的进度，也会影响社会的稳定。

2. 邻避项目及其种类

邻避项目是指能够使大多数人获益，但是会对设施附近的居民的身体健康、资产价值及环境质量产生负面影响的设施。

邻避项目主要包含3类，如表4.2所示。

表4.2　邻避项目分类

类型	示例
能源类	核能发电厂、火力发电厂、炼油厂、石化工厂等
废弃物处理类	垃圾焚烧处理厂、污水处理厂、核能废料处理厂、危险废物焚化炉等
社会类	精神病院、殡仪馆、火葬场、戒毒中心、监狱、墓地等

公众，包括邻避项目附近的居民，对邻避项目的公益性、重要性及其建设的必要性一般都是认可的。尽管邻避项目惠及全社会，但邻避项目所造成的负面影响却仅由邻避项目附近的居民承担，这导致邻避项目附近的居民在心理上产生自己的利益被剥夺的感觉，认为这对他们是不公平的，他们的态度是这些设施确实应该建设，但是"不要建在我家后院"。

1. 邻避效应防控制度体系不完善

我国目前还没有相对完善的制度体系来规范邻避项目的规划、选址、设计、决策、实施等相关流程，这包括邻避项目所涉及的政府、兴建方、社区居民的权责不明确，信息共享机制缺失，公众参与的程序不严谨，缺乏有效的邻避风险监督机制及补救机制和标准。

2．公众担心利益受损且缺乏参与渠道

公众对邻避项目的认知程度及可接受水平受到政治、经济、文化等多种因素的制约，这使公众形成了不同的意识形态。由于邻避项目本身存在一定的负面性，当集体利益凌驾于个人利益之上，多数人享受福利，少数人承担其已经产生的和可能产生的成本时，这种成本与收益的失衡会导致受损方产生不平衡的心理；再加上公众没有相应的渠道参与到邻避项目的各个环节中，公众的知情权和参与权没有得到保障，进而加剧公众邻避情绪的产生，引发邻避矛盾和冲突，影响社会的稳定。

3．信息不对称，公众缺乏信任感

在互联网时代，公众的信息来源多样化，如果关于邻避项目的信息传播不及时、不精准、不全面，就会导致邻避项目所带来的正面影响不断被削弱。当政府在邻避项目决策中缺乏透明度，未建立公众信任机制，未充分考虑邻避项目附近民众的利益诉求，未对可能的社会风险进行评估，企业在邻避项目建设中未按程序施工，邻避项目的运营不能保证安全性和环保性时，邻避项目各方主体仅以教育、劝说、通知等单向信息传递方式作为沟通手段，公众就易产生不安全感与不公平感，就会对邻避项目各方主体不信任，进而产生怀疑与对抗情绪。

4．科学普及教育不足，公众缺乏科学认知

若缺乏权威专家的解释、普适教育及权威媒体的信息发布，公众就会对邻避项目缺乏科学的认知，加之有关邻避项目的错误信息不断传播，公众会进一步进行主观判断，产生盲目从众心理，最终公众便会通过群体性对抗来表达自身的利益诉求。

4.4.3 邻避效应的解决机制

1．健全完善邻避效应防控制度体系

通过建立有关邻避效应的法规，让邻避项目的规划、选址、设计、决策、实施等相关流程做到有据可行，明确邻避项目中政府、兴建方、社区居民的权责，建立健全邻避项目听证制度、评估制度、公众监督机制、公众信访制度、民意回应制度、环评制度等一系列邻避效应防控制度。

2．完善沟通渠道，提升公众的有效参与度

风险认知是影响公众对邻避项目态度的关键因素，沟通渠道的畅通及公众的有效参与对于消除公众的疑虑具有重要的作用。让公众参与邻避项目的规划、选址、立项、建设和运营等所有环节，保障公众的知情权、参与权、选择权、表达权和监督权，就能营造政府、企业与公众之间的良好互动氛围。

（1）政府了解公众诉求，回应民意

政府可采取发放调查问卷、访谈等多种形式了解公众对邻避项目的态度及其利益诉求。公众也可通过网络、电话、信件等多种渠道反映问题，政府应积极回应公众反映的问题，做好释疑解惑工作，回应民意，做到科学决策，消除公众的顾虑。

（2）媒体做好舆情引导

媒体负责全程跟踪报道邻避项目的进展，客观、及时地向公众传达邻避项目的信息，避免邻避风险随意扩大，影响政府的公信力。

（3）吸纳专业人士答疑解惑

政府应吸纳社会各领域的专业人士参与邻避项目的知识普及，由专业人士负责向邻避项目附近的居民答疑解惑，从而提升公众对邻避项目的认知水平及公众参与的专业化水平，有序引导公众理性看待邻避项目。

（4）组建公众督导组

在邻避项目运营阶段，运营企业通过组建公众督导组，可充分发挥公众的监督力量，让公众参与到邻避项目的运营过程中，保障邻避项目的安全有效运营。

3. 加强信息公开，减少政府、企业、公众三者间的信息不对称

政府及相关部门所提供的有关邻避项目的信息不仅是公众了解邻避项目利弊的重要途径，也是彰显决策的科学性、公正性的重要依据。政府应利用新闻媒体、政府网站、企业网站搭建具有权威性的信息发布平台，完善信息发布渠道，保证决策内容、环评及项目建设过程和运营中相关信息的及时公开，以科学的数据分析和实际行动让广大公众了解邻避项目，使公众认识到邻避项目对社会发展的重要性和必要性，最大限度地消除公众的各种疑虑和担忧，并接受公众的监督，保证政府、企业与公众之间的相互信任。

4. 构建合理的邻避回馈和补偿机制

邻避项目在某种程度上给附近居民的生活、身心健康和资产价值带来了一定的负面影响。因此，政府应建立合理的邻避回馈和补偿机制，关注弱势群体，积极对公众的意见进行反馈，采取差异化补偿措施，以规避邻避冲突。

5. 加强科普宣传和教育

政府一方面可通过报纸、广播、电视等传统媒体，以及微博、微信、网站等新媒体向公众普及邻避项目的相关知识；另一方面，可利用科普讲座、科普微视频、科普教育基地等开展科普教育活动，引导公众用科学、理性的眼光看待邻避项目。

☆ 案例

临平净水厂

杭州市余杭区临平净水厂位于沪杭高速立交匝道内，是浙江省首座大型全地下污水处理厂，如图4.4所示。临平净水厂占地49 400平方米，于2016年12月开始建设，2018年年底建成通水，每天处理20万吨废水，出水水质优于国家一级A排放标准。

临平净水厂秉承"开放、包容、亲民"的设计理念，采用地埋式设计，即整个污水处理场地及设备全部埋在深基坑里，整个污水处理过程在地下进行，污水经处理后达到相应标准的部分清水经管道排入钱塘江，部分清水用于对在净水厂上方建设的生态公园——水美公园内的水池及绿植进行补水和浇灌。这个集水质净化、运动休闲、文化展示（余杭区净水主题教育基地）等功能于一体的高标准主题绿地公园已成为杭州市民休闲旅游的好去处。

图4.4　临平净水厂

　　然而，这样一个环境优美、设计独特、安全环保的净水厂却经历了一个十分波折的建设历程。2011年，浙江省启动临平污水处理厂项目，并进行第一次选址规划。厂址位于南苑街道钱塘社区，规划用地面积为256亩，厂区采用常规地上布局进行构建，在污水处理厂的旁边建设生态公园。由于该选址与居民居住区和公共建筑群的防护距离仅为150米左右，信息一经公布，便遭到了当地群众的强烈反对，邻避效应极为明显，项目被迫搁置。

　　为了使污水处理厂能够顺利落地，浙江省、区、市各级人民政府做了大量的化解群众矛盾和防范重大工程所引发的社会不稳定现象等工作。例如，政府组织社区居民代表外出参观同类污水处理厂，组织专家团队详细评估项目的合法性、合理性、可行性、可控性，向公众做出"两不开工"的承诺，即"安置补偿不到位，工程项目坚决不开工""公众不理解，工程项目坚决不开工"，最终成功化解邻避效应。

　　2014年，临平污水处理厂项目进行第二次选址规划。考虑高速、高架桥互通匝道环绕区内的土地大多处于闲置状态，相关部门通过论证后，最终将项目安置在沪杭高速与东湖路互通匝道围岛内，这使得原本难以利用的土地得到了充分的利用。同时，临平污水处理厂也更名为"临平净水厂"。

　　2016年，临平净水厂开工建设，厂区采用地埋式设计，将原计划的地上污水处理厂建成地下净水厂。地下厂区为两层结构，占地74.2亩，其中地下二层为污水处理区，地下一层为操作区和设备区。项目严格按照国家有关设计规范与标准执行，并采用模块化叠合式布置、超长结构不分缝技术、多模式除臭技术、精确曝气、光导照明、污水源热泵等多种新技术，努力打造"绿色工厂、能源工厂"示范区。全封闭无渗漏的地下污水处理措施不会对地表水和空气造成二次污染，同时，污水处理过程中产生的噪声通过地下综合降噪处理措施得到消除，不会对地面建筑和居民产生影响。地埋式净水厂的上方建设有生态公园，经净化后的水可在生态公园中再次循环利用。

　　由于临平净水厂处于匝道围岛内，土地节约利用效果显著，比第一次选址规划节约70%的土地，工程涉及的拆迁量较小，环境影响也较小。综上，相关部门不仅成功化解公众对临平净水厂的抵触情绪和风险感知，该项目的社会稳定风险评估工作也得到公众的认可，这使得"邻避"变为"邻利"，开创了浙江省集经济效益、社会效益、环境效益、科技效益于一体的地埋式净水厂建设的先河。

4.5
本章小结

任何工程活动都存在着一定的风险。公众的安全、健康、福祉应被放在首要位置。在工程风险评估过程中，工程主体应遵守工程风险评估原则，确保评估程序合理，采用相关评估方法，使公众正确认识工程风险，平衡和协调好各方利益关系，实现以效率为基础的公正，确保工程顺利实施。化解邻避效应本质上就是要强化政府决策的公信力和做好各方利益协调，实现科学决策、民主决策、依法决策，让公众共享工程结果。

4.6
本章习题

1. 工程为何总是伴随着风险？导致工程风险的因素有哪些？从哪些方面入手可以防范工程风险的发生？

2. 根据本章"湖南省凤凰县堤溪沱江大桥坍塌事故"案例，进一步查阅资料，回答以下问题。

（1）参与工程的各个单位如何才能避免此类事故再次发生？

（2）事故发生后，各方采取紧急救援行动，具体表现在哪些方面？

（3）如何提升人们的工程伦理意识？

3. 昆明长水国际机场是昆明市人民政府重点建设的大型工程项目，于2007年10月通过中国民用航空局的批准。但该工程项目自建设伊始，事故不断，如机场配套的引桥支架垮塌，飞行区货运汽车通道东延长段顶板在混凝土浇筑过程中因支撑失稳发生坍塌。机场运行后，配套设施不完善、屋顶漏水、停车场多地塌陷等问题层出不穷。2013年1月3日，昆明长水国际机场因一场大雾而瘫痪，大量航班延误，旅客大量滞留，航班信息广播停止，信息牌处于半瘫痪状态。滞留旅客遭遇到既没有热水提供，也没有人疏导的窘境，直到1月5日早上仍有旅客滞留在机场。时隔5个月，该机场又因一场暴雨造成航班延误、旅客滞留的情况。2013年12月27日，大雾再次让昆明长水国际机场遭遇大面积航班延误，甚至一度没有办法起降航班。请查阅相关资料，分析昆明长水国际机场为什么会出现上述问题。

4. 阅读"南水北调工程"案例，查阅资料，回答以下问题。

（1）分析南水北调工程中的利益相关者。

（2）工程往往在使一部分人受益的同时导致另一部分人的利益受到损害，如何处理各方利益矛盾，确保社会公正？

南水北调工程

为了改变我国水资源分布不合理的现状，促进南北方协调发展，我国实施了南水北调工程。在20世纪50年代，经过勘测、规划、分析、比较和研究，相关部门分别在长江下游、中游、上游规划了3个调水区，形成了东线、中线、西线3条调水线路。这3条调水线路与长江、淮河、黄河、海河相互连接，构成我国中部地区水资源"四横三纵、南北调配、东西互济"的总体格局。

东线工程是利用江苏省已有的江水北调工程，从长江下游的扬州市江都区抽引长江水，利用京杭大运河及与其平行的河道逐级提水北送，并连接起调蓄作用的洪泽湖、骆马湖、南四湖、东平湖。长江水出东平湖后分两路运输：一路向北，在位山附近经隧洞穿过黄河，输水到天津；另一路向东，通过胶东地区的输水干线经由济南输水到烟台、威海。

中线工程则从丹江口水库陶岔渠首闸引水，沿线开挖渠道，经唐白河流域西部，过长江流域与淮河流域的分水岭方城垭口，沿黄淮海平原西部边缘，在郑州以西的李村附近穿过黄河，沿京广铁路西侧北上，自流到北京、天津。

西线工程则在长江上游通天河、支流雅砻江和大渡河上游筑坝建库，开凿穿过长江与黄河的分水岭巴颜喀拉山的输水隧洞，调长江水入黄河上游，主要解决青海、甘肃、宁夏、内蒙古、陕西、山西等6省（自治区）黄河上中游地区和关中平原的缺水问题，并结合兴建在黄河干流上的大柳树水利枢纽等工程，向临近黄河流域的甘肃河西走廊地区供水，必要时也可向黄河下游补水。

至2013年11月15日，南水北调工程东、中线一期工程全面通水8周年。这8年来，该工程已累计向北方调水约600亿立方米，直接受益人口超过1.5亿人，助力沿线42座大中型城市的经济和社会发展。

南水北调中线工程是国家南水北调工程的重要组成部分，对缓解我国淮海平原水资源严重短缺，优化配置水资源，促进受水区——河南、河北、天津、北京等省、直辖市的经济社会可持续发展和增加子孙后代福祉具有重要的战略意义。南水北调中线工程使沿线民众直接喝上优质的汉江水。然而，水源地及供水工程的沿途地区为了保证受水区民众喝上清洁的汉江水，做出了巨大牺牲。例如，南阳作为南水北调中线工程的渠首所在地和核心水源区，其淹没损失达90多亿元，搬迁人口达16.5万人。为了保证水质，南阳把水源区生态保护作为全市的"一号工程"，确保"一河清水入库、一库清水润京津"。南阳网箱养鱼于2014年南水北调中线工程通水之前全部取缔，整个丹江口库区所有与水有关的旅游项目也全部取缔，对于农作物的种植也实行严格的生产制度，如不能用化肥和农药，这也导致南阳的粮食减产。同样，十堰为确保库区水质安全，关停"十五小"企业329家，关闭黄姜加工企业106家，迁建125家，6万名职工下岗。十堰不仅财政收入每年直接减少8.29亿元，还要每年配套支出15亿元用于生态保护和水污染防治工程建设，财政增支减收数额巨大。

5. 设想某个国家正在防备一场疾病的爆发，预计这场疾病将导致600人失去生命，该国家依据精确的科学估计，提出以下方案。

方案1：挽救200人的生命。

方案2：有1/3的可能性使600人获救，有2/3的概率一个人也救不了。

你选择方案1和方案2中的哪一个？为什么？

方案3：400人会失去生命。

方案4：有1/3的可能性没有人失去生命，有2/3的可能性600人都失去生命。

你选择方案3和方案4中的哪一个？为什么？

6. 阅读"广州市花都区垃圾焚烧项目"案例，回答以下问题。

（1）如何识别邻避效应？

（2）这个案例中的利益相关者主要有哪些？他们各自的利益诉求是什么？如何解决他们的矛盾？

（3）政府、媒体、专家等应该肩负哪些责任？

（4）如何从可持续发展的角度看待垃圾焚烧？

广州市花都区垃圾焚烧项目

随着中国城镇化进程的加快，城镇生活垃圾量增长迅速，垃圾围城问题日益突出。目前城市生活垃圾的处理方式主要有填埋、堆肥和焚烧发电3种。由于填埋方式受限于垃圾填埋场的数量，且简单填埋容易产生二次污染，而堆肥方式无法分解垃圾中的无机物，因此兼具环境保护和资源再利用效用的焚烧发电方式备受青睐，但该方式依然面临诸多争议。在湖北省仙桃市、海南省万宁市、陕西省蓝田县、广东省广州市、浙江省杭州市等地都发生过当地居民反对修建垃圾焚烧发电厂的事件。

2009年，广州市花都区的生活垃圾和工业垃圾日收运总量约1 600吨，且以年均约8%的速度增长，但只有位于狮岭镇汾水林场的垃圾填埋场在运行，且其即将满容。为解决花都区垃圾处理这一棘手的问题，政府将花都垃圾焚烧厂（现广州市第五资源热力电厂）的建设列入了广州市建设规划。但其选址遭遇了多次波折。

花都垃圾焚烧厂在2009年公布拟选址狮岭镇汾水林场时，引起周围居民及临近的清远村居民的强烈不满，选址工作一度停滞。2013年6月，花都垃圾焚烧厂进行第二轮选址，将首选地由狮岭镇汾水林场改为狮岭镇前进村，地址距最近的居民区仅1.3千米，这又引发狮岭镇居民的反对。

花都区人民政府在此过程中向群众反复表态"环评、社会风险评估不通过，征地拆迁大部分群众不满意，垃圾焚烧项目绝不强行开工建设"，并于7月22日到28日在花都区信访局开展为期一周的市、区、镇联合接访活动。《今日花都》在头版头条的位置刊发花都区人民政府的态度，花都区人民政府也组织了工作组进村入户，向民众宣传解释该项目的重要性和必要性，保证政府将充分听取民众意见，绝不会强行开工建设。花都区人民政府针对各类可能出现的风险采取措施进行防范，安抚公众的情绪，引导事件向正常的方向发展。至此，花都区垃圾焚烧项目事件告一段落。

在2015年9月召开的广州市城市规划委员会会议上，花都垃圾焚烧厂第三轮选址改为赤坭镇十八岭并获得通过。最终花都垃圾焚烧厂落在花都赤坭镇十八岭鲤塘村小水库旁。在此次选址过程中，政府特意避开了居民居住区，即使是距离垃圾焚烧厂最近的居民区也在垃圾焚烧厂8千米之外。

7. 2020年1月初，宜兴市一小区的业主发现，小区内4栋、8栋、12栋楼顶上有类似排气管的设备，经确认该设备为5G通信基站。该小区的业主得知该消息后，纷纷要求物业立刻拆除5G通信基站，将楼顶恢复原状。与此同时，宜兴市人民政府热线平台也接二连三地接到了该小区业主的投诉。迫于业主的压力，5G通信基站暂停建设。运营商施工队在拆除该小区的5G通信基站的时候，发现该小区4栋楼顶上的5G通信基站已被破坏，光缆裸露，电力线被剪断，存在较大安全隐患。请查阅相关资料，思考以下问题。

（1）5G通信基站属于邻避项目吗？

（2）在这个案例中，你认为产生邻避问题的主要原因是什么？

（3）有效化解邻避冲突可以采取哪些措施？

8. 微信已成为广大民众交友、获取信息、支付等的主要渠道。微信及相关应用数据量飞速增长，这些数据既包括个人通信、网络空间、财务账户、亲友联系等多方面的"私有"信息，也包括通过查看、回应、点赞等表达的个人态度、兴趣爱好等"私人化"信息。微信群内的交流内容很容易以分享方式被泄露到特定的微信群外，甚至传播到公共舆论空间。请讨论：在使用微信的社交生活中，你是否遇到过伦理冲突问题？请至少选择3种典型的利益相关者，分析他们在该伦理冲突中的利益诉求，并针对各方利益诉求，对微信提出相应的改进意见。

第5章

珍惜生态环境

可持续性作为新时代发展的主题，工程活动也应该满足可持续发展的要求。本章主要介绍生态环境与可持续发展、环境伦理思想的确立、环境伦理核心问题与原则。

本章学习目标

（1）理解生态环境的定义、环境的类型及环境问题。

（2）理解和掌握可持续发展的内涵及可持续发展的中国实践。

（3）了解中西方环境伦理思想。

（4）理解环境伦理核心问题。

（5）掌握环境伦理原则。

青藏铁路

青藏铁路由西宁站至拉萨站，线路全长1 956千米，2006年7月1日全线通车。青藏铁路工程荣获2008年度国家科学技术进步特等奖。

过去，西藏地区的物资运输主要通过牦牛，康藏公路、青藏公路的建成仅仅解决入藏解放军的粮食物资运输问题，无法彻底解决西藏地区资源运输问题，西藏地区的发展受到严重制约，修建青藏铁路成为中国人的梦想。

青藏高原具有世界上独特的生态环境系统，是世界山地物种的重要起源中心和分化中心、亚洲气候变化的"起搏器"、中国和南亚地区的"江河源"。由于特殊的地理和气候条件，青藏高原的生态环境敏感而脆弱，地表植被一旦被破坏，一方面很难恢复，另一方面会加速冻土融化，引起土壤沙化和水土流失。同时，青藏高原的冻土会因气温下降而冻结，会因气温上升而融化，从而引发如冰锥、冰幔、冻胀丘、热融滑坍、热融湖塘等各种不良地质现象，加之高原缺氧等因素，青藏铁路修建的难度极大。青藏铁路于1974年复建，因为高原缺氧、多年冻土等技术难题尚未解决，于1978年停修。

2001年6月29日，搁浅20多年的"天路"工程又一次正式开工。从青藏铁路的设计、施工建设到运营维护，青藏铁路的建设者们始终秉持"环保先行"理念，经过不懈的努力与奋斗，成功破解"高寒缺氧、多年冻土、生态脆弱"三大世界铁路建设难题，谱写了人类铁路建设史上的光辉篇章。

青藏铁路沿线建立了17座制氧站，配置了25个高压氧舱，4万名职工每人每天平均强制性吸氧不低于2小时，从而成功创造了数十万人次施工，施工人员高原病"零死亡"的纪录。

为了认识和掌握冻土规律，破解"冻胀"和"融沉"两大冻土工程难题，科研工作者坚持不懈，执着传承，记录下1 200万个科研数据。在线路选择上尽量绕避，在高温状态下极不稳定的冻土区采取"以桥代路"的方法，在施工中使用片石气冷、碎石护坡、通风管、冻土热棒等多种技术和设施增强冻土路基的稳定性，这使得青藏铁路成为冻土工程的"博物馆"。

改善沿线生态环境，保护沿线景观。青藏铁路地处世界"第三极"，穿越了可可西里、三江源、羌塘等中国国家级自然保护区。为保障藏羚羊等野生动物的正常生活、迁徙和繁衍，青藏铁路全线建立33个野生动物专用通道；为保护湿地，在高寒地带建成世界上首个人造湿地；在青藏铁路两侧开展植树种草工程，打造出一条"绿色长廊"；沿线站区采暖均使用电能和太阳能等清洁能源，进出藏旅客列车设有集污器、集便器，设置了污水处理站点，实现地面和列车的"污物零排放"。这些独具特色的环保设计和建设运营理念，使青藏铁路成为中国第一条"环保铁路"。青藏铁路的环保措施示例如图5.1所示。

| 冻土热棒 | 为动物让路 | 保护植被 |

图5.1 青藏铁路的环保措施示例

尊重与保护地方非物质文化遗产。在青藏铁路建设过程中，施工人员预测了所有涉及地方习俗的工程活动可能给工程建设带来的后果，考虑了沿线的天葬台、寺院、神山等仪式场所，努力确保这些地方原封不动。例如，青藏铁路西藏段有扎木、沱沱河附近的天葬台，青藏铁路建设指挥部要求附近施工单位在天葬时间停止作业，改变取土线路，禁止进入，禁止拍照。青藏铁路的选线尽量避开藏族同胞集聚区，以不影响藏族同胞的固有生活习惯。拉萨河特大桥的设计体现了浓郁的藏族风格，融入了哈达、经幡的柔美飘逸及青藏高原的人文意向，促进了西藏文化的传承和发展。

2006年，一条献给人类的绿色"哈达"——青藏铁路横空出世，如图5.2所示。西班牙《先锋报》以《"世界屋脊"上的铁路》为题称青藏铁路是"史无前例的工程"，英国《卫报》则赞誉这条铁路是"中国'敢为'精神的最佳例证"。

图5.2 青藏铁路

青藏铁路的建成增进各民族团结进步和共同繁荣，促进西藏经济社会又快又好发展。青藏铁路建设周期长，需要坚定的国家意志、超强的资源调配能力，青藏铁路建设是在党的领导下集中力量办大事、彰显制度优势的范例，有利于实现中华民族伟大复兴。此外，青藏铁路的建设者以敢于超越前人的大智大勇、拼搏奋斗、开拓创新、攀登不止等品质，在雪域高原上筑起了中国铁路建设新的丰碑，也铸就了"挑战极限、勇创一流"的青藏铁路精神。这种精神是以爱国主义为核心的民族精神的传承和升华，是以改革创新为核心的时代精神的延伸和拓展，成为激励中国人民奋勇前进的强大动力。

■ 思考

工程活动改变人的生活。我们应如何处理工程与环境的关系，需要遵循哪些环境伦理原则，才能实现工程中人与自然的和谐共处，构筑起"人与自然的生命共同体"？

5.1
生态环境与可持续发展

5.1.1　生态环境

1. 生态环境的定义

生态环境是指影响人类生存和发展的所有生物与其周边环境的相互关系和生存状态。《环境保护法》第二条明确指出：本法所称环境，是指影响人类生存和发展的各种天然的和经过人工改造的自然因素的总体，包括大气、水、海洋、土地、矿藏、森林、草原、湿地、野生生物、自然遗迹、人文遗迹、自然保护区、风景名胜区、城市和乡村等。由此可见，人类生存发展的过程是人类不断与生态环境进行相互交换的过程，人类的工程实践活动与生态环境的关系既是一种生产关系，也是一种伦理关系。

在原始文明阶段，人类学会利用工具从自然界获取植物性食物和动物性食物，此时的人类对自然界的开发和支配能力是极其有限的，人与自然的关系是一种服从关系。在农业文明时期，人类开启有意识地征服和改造自然的进程，无节制的毁林垦荒、大规模放牧、不合理的引水灌溉等人类活动引发水土流失、土地荒漠化、土壤盐渍化，人类与自然的矛盾日益凸显。尽管如此，人类改造自然的能力仍然有限，人与自然的关系是一种顺从关系。随着工业文明的到来，在"人是自然的主人"观念的驱使下，人类利用科学技术和先进的工具从自然界获取和利用资源发展经济的强度日益增大，人与自然的关系变成了掠夺关系。这种掠夺关系改变环境的组成和结构，改变环境中的物质循环，对环境造成严重伤害，危及其他生物的生存和繁衍，进而威胁到人类的生存状态。例如，氟利昂的发明使食物保鲜、生物医药制剂保存成为可能。但是氟利昂会破坏臭氧层，导致臭氧层空洞的出现。这使得大量紫外线直接照射地球表面，导致皮肤癌、白内障患者增加。同时，地球上的某些生物在强烈的紫外线照射下无法生存，从而威胁到地球上的生态平衡。1987年签署的《蒙特利尔议定书》明确提出了限制使用氟利昂的规定，要求发达国家必须逐步禁止生产和使用氟利昂。

20世纪中叶以后，日趋严重的环境问题成为人类发展的绊脚石，促使人们开始思考人与自然的关系，生态文明应运而生。生态文明信奉"人是自然的一员"的观点，谋求人与自然和谐共处、协调发展的关系。1972年6月5日至16日，联合国在瑞典首都斯德哥尔摩召开联合国人类环境会议，会议通过《联合国人类环境会议宣言》，并将6月5日定为"世界环境日"。1992年，在巴西里约热内卢召开的联合国环境与发展大会公布了《里约环境与发展宣言》（简称《里约宣言》）。《里约宣言》是国际环境保护史上的一个里程碑，反映了人类认识到环境和社会和谐发展的重要性，表达了世界各国携手保护人类生存环境的共同愿望。2004年，诺贝尔和平奖被授予肯尼亚环境和自然资源部副部长旺加里·马塔伊，以表彰她在"可持续发展、民主与和平"方面做出的贡献。旺加里·马塔伊自1977年创建和启动的"绿带运动"，在肯尼亚种植了几千万棵树，这对解决肯尼亚因砍伐森林所引起的环境问题具有非常重要的意义。在21世纪，随着以信息、材料、生物为代表的新型技术的发展，人类的生活彻底改变，城市面积不断扩张，森林、湿地、草原等自然环境面积快速缩小，野生动植物的生存空间不断缩小，温室效应和城市热岛效应不断加剧。例如，人们使用的电子产品一旦报废进入生态环境，其中所包含的如铅、汞、镉等有害物质对本就脆弱的生态系统来说更是雪上加霜。据统计，2018年，全世界的电子垃圾总计4 850万吨，预计到2050年，全球的电子垃圾总量将达到1.2亿吨，其中只有20%会被循环利用。阿尔文·托夫勒曾说过："明天的技术必将比第二次浪潮时代受到更严格的生态制约。"因此，构建生态文明的新型信息化社会势在必行。

2. 环境的类型

环境是一个复杂多变的系统，按照人类对其影响和改造的程度，可分为原生环境和次生环境。

① 原生环境：又称第一类环境，指天然形成的、未受人类影响的自然环境。原生环境是完全按照自然规律发展和演变的，例如极地、高山、沙漠、原始森林等。

② 次生环境：又称第二类环境，是指由于人类的社会生产活动，导致原生环境的改变所形成的环境，是由原生环境演变而成的一种人工生态环境。例如，耕地、种植园、鱼塘、工业园区、城镇、牧场等。

3. 环境问题

环境问题是指由自然因素或人为因素引起的环境质量变化或环境结构损毁，这种变化或损毁直接或间接影响人类的生存和发展。环境问题的实质是人类在社会发展中的不自觉行为导致环境向不利于人类生存和发展的方向转变。

环境问题分为原生环境问题和次生环境问题。原生环境问题（第一类环境问题）是指自然因素引发的环境和生态的破坏。例如，地震、海啸、洪水、飓风等。次生环境问题（第二类环境问题）是指人类的生产、生活活动引发的生态破坏和环境污染。例如，工业生产造成的空气污染、水体污染、固体废弃物污染等。

原生环境问题和次生环境问题常常彼此交叠、相互影响，如人类过度开采石油引发地震，大量排放二氧化碳加剧温室效应，等等。

5.1.2 可持续发展

1. 可持续发展的内涵

发展是人类社会不断进步的主题，可持续发展是指建立可持续发展的经济体系、社会体系和维护与之相适应的可持续利用的资源和环境基础，从而既达到发展经济的目的，又保护好人类赖以生存的大气、淡水、海洋、土地和森林等自然资源和环境，最终实现经济繁荣、社会进步和生态安全，满足当代人和子孙后代合理发展的物质和精神需要。

可持续发展的重要特征是可持续性，包括经济、社会和环境的可持续性。经济的可持续性是指在要求经济体连续提供产品和劳务的同时，避免工业和农业生产出现不合理的、极端的结构性失衡。社会的可持续性是指在不对子孙后代的生存基础和发展能力构成威胁的前提下，逐步提高全民的生活质量。环境的可持续性是指要保持稳定的资源基础，避免过度利用资源，维护健康的生态系统。

在可持续发展中，经济、社会发展与环境保护相互联系、不可分割，体现了公平和和谐的原则。公平表现在3个方面：首先是人类与自然保持一种公平关系，人类要合理利用自然资源，维护生态稳定；其次是代内公平，即代内所有人，无论国籍、种族、文化等，均平等享有利用自然资源、拥有良好环境的权利；最后是代际公平，即当代人不能通过损害后代人的利益来满足其生存需要。和谐体现为人与人、人与自然和平共处。

2. 可持续发展的中国实践

（1）绿水青山就是金山银山

地球是人类与其他生物共同栖息的家园，人类应当把自然看成生命源泉和价值源泉，尊重自然，善待自然，保护自然，与自然和谐相处。党的二十大报告指出："大自然是人类赖以生存发展的基本条件。尊重自然、顺应自然、保护自然，是全面建设社会主义现代化国家的内在要求。必须牢固树立和践行绿水青山就是金山银山的理念，站在人与自然和谐共生的高度谋划发展。"

绿水青山就是金山银山的理念蕴含着人与自然和谐共生的可持续发展思想，结合了中华优秀传统文化和中国国情，是对马克思主义自然观、生态观的继承与创新。

⭐案例

塞罕坝机械林场的奇迹

塞罕坝意为"美丽的高岭"，位于河北省最北部、内蒙古高原浑善达克沙地南缘。曾经，这里是"黄沙遮天日，飞鸟无栖树"的荒漠沙地，如今，这里是有着百万亩人工林海、守卫京津的重要生态屏障，塞罕坝机械林场如图5.3所示。如果把这里的树按一米的株距排开，可以绕地球赤道12圈。

图5.3 塞罕坝机械林场

1962年，为了完成"为首都阻沙源、为京津涵水源"的神圣使命，原国家林业部（现为国家林业和草原局）组建塞罕坝机械林场，来自全国18个省（区、市）的127名大中专毕业生奔赴塞罕坝，与当地林场的242名干部职工一起，组成了369人的创业队伍，开启了艰苦卓绝的高寒沙地造林工程。

塞罕坝最低气温达零下40多摄氏度，年均积雪时间超过半年，土地沙化严重，缺食少房，偏远闭塞，生产生活条件十分艰苦。同时，塞罕坝人因缺乏在高寒地区造林的经验，1962年、1963年，塞罕坝的造林成活率不到8%。但他们没有气馁，而是怀揣着"不绿塞罕终不还"的决心，顶风冒雪、夜以继日，反复试验改进机械，一块地一块地调查，一棵苗一棵苗分析。1964年，塞罕坝人组织马蹄坑造林大会战，连续多日吃住在山上。艰苦付出终换来回报，他们不仅开创了国内机械栽植针叶林的先河，而且造林成活率达到了90%以上，塞罕坝大规模造林活动也由此拉开了序幕。塞罕坝人改进了传统的遮阴育苗法，在高原地区首次取得了全光育苗的成功，并摸索出培育"大胡子、矮胖子"（根系发达、苗木敦实）优质壮苗的技术要领，大大增加了育苗数量和产成苗数量，解决了大规模造林的苗木供应问题。在植苗方面，塞罕坝人通过不断研究实践，攻克了大量技术难题，改进了老式造林机械和植苗锹，创新了植苗方法。

在党的召唤下，一批又一批、一代又一代年轻建设者们不断进行绿色接力。2017年以来，塞罕坝人将土壤贫瘠、岩石裸露、蒸发快速的石质阳坡作为攻坚造林的重点，向山高坡陡的"硬骨头"宣战。塞罕坝人靠着拼劲和韧劲，自2017年以来，在石质阳坡上攻坚造林10.1万亩，造林成活率达到98%。

在2017年12月举行的第三届联合国环境大会上，塞罕坝机械林场被授予联合国环境荣誉最高奖项——"地球卫士奖"。

三代塞罕坝人用青春、汗水甚至生命筑起了一座绿色丰碑。今天的塞罕坝在视觉上是绿色的，但在精神上是红色的。"牢记使命、艰苦创业、绿色发展"的塞罕坝精神为推动绿色发展、建设生态文明提供着源源不竭的精神力量。生态兴则文明兴，青山常在、绿水长流、空气常新的美丽中国必将在接续奋斗中成为现实。

（2）节能减排

2020年我国新增风电装机容量为578亿瓦特，占全球新增装机容量的60%，新增太阳能光伏装机容量为482亿瓦特，可再生能源的开发利用规模稳居世界第一。这不仅向全世界展示了我国的大国担当，表明我国积极投身全球的可持续发展，也向世界就全球可持续发展贡献了中国智慧。

⊡ 案例

全球首家电池零碳工厂

2019年10月，宁德时代通过全资子公司四川时代在四川宜宾投建电池生产基地。2022年3月，宜宾工厂获得全球知名认证机构瑞士通用公证行颁发的认证证书，成为全球首家电池零碳工厂。同时，宜宾工厂凭借智能制造、绿色低碳管理入选了世界经济论坛评选的世界灯塔工厂网络。

所谓零碳工厂，是指在生产制造过程中通过技术性节能减排措施，使工厂实现总和为零的碳排放。宜宾工厂设计人员在筹备阶段就开始规划零碳工厂路径，通过在能源利用、交通和物流、生产制造等环节不断改造和创新，从而在减少碳排放的同时，用更少的原材料做出更多、更好的产品。

在绿色能源管理方面，宜宾工厂自主研发了智慧厂房管理系统，在厂区中铺设了超过40 000个环境探测传感器，并通过窄带物联网使全域厂房设备状态参数实时上传与交互，利用人工智能技术为每台设备量身定制最优的运行参数。

在绿色制造方面，宜宾工厂构建数字化生产中控管理系统，利用全局化目视管理降低工序损失，通过人工智能视觉检测系统自动学习和提取缺陷特征提升检出率。制造过程中产生的废料将全部投入回收利用，镍、钴、锰等贵金属回收率可达99.3%。

此外，宜宾工厂将减碳融入生产与生活，宜宾工厂80%以上的能源来自可再生能源——水电，这样每年可减少40万吨碳排放。宜宾工厂还全面升级物流链条及厂区交通，利用无人驾驶物流车、电动叉车等实现供应商工厂、原料仓库、加工工厂、成品仓库、客户工厂之间的零碳运转，员工多采用电动出行与共享出行等绿色出行方式。

（3）乡村振兴战略

乡村振兴战略旨在通过以城带乡、以工促农、城乡互促的融合发展机制，以及产业振兴、人才振兴、文化振兴、生态振兴、组织振兴的"五个振兴"策略，实现产业兴旺、生态宜居、乡风文明、治理有效、生活富裕的总目标。乡村振兴战略既着眼于缩小乡村内部区域发展差距，也着眼于缩小城乡区域发展差距，在夯实精准扶贫既有成果的基础上，实现"农村美、农民富、农业强"的整体性发展目标。精准扶贫关注单一经济维度的脱贫攻坚，重在保底；乡村振兴关注经济、生态、文化、社会等多个维度的提质增效，重在进取。

5.2
环境伦理思想的确立

5.2.1 西方环境伦理思想

环境伦理是指人类与生态环境之间的利益与道德伦理关系。环境伦理反映人与自然和谐共生的关系，强调人在对环境的保护中有着不可推卸的义务和责任，体现了人类对生态环境问题的道德思考。

环境伦理思想是伴随着工业化进程，在人类对资源破坏和环境污染问题进行理性的反思的基础上产生的。在工业化进程当中，虽然人们有保护环境的需求，但是人们保护环境的目的和出发点各有不同，因此形成不同的环境保护思路。

以美国为例，其环境保护思路有两种：一种是以美国林业局前局长吉福德·平肖为代表的"资源保护主义"，即通过有效地开发和利用资源，保护人们在环境当中的利益诉求；另一种是以约翰·缪尔为代表的"自然保护主义"，即从自然的完整性及生态系统的健全性角度思考如何保护自然。

以这两种环境保护思路为基础，在民间的环保运动的催生下，两类环境伦理思想得以形成，一类是人类中心主义，另一类是非人类中心主义。

1. 人类中心主义

人类中心主义认为"人"作为地球的主宰者，是唯一可获得道德关怀的物种，有权利使用地球上的一切资源为自身的利益服务。因此，人类在做任何事情的时候，或者在做任何判断的时候，总是以人类的利益作为评价标准或者价值尺度，自然界只有工具价值。

人类中心主义是自人类建立文明以来的历史传统观念的体现。古希腊时期的智者普罗塔哥拉明确表述了一种非常典型的人类中心主义的观念："人是万物的尺度，是存在者存在的尺度，也是不存在者不存在的尺度。"这样的观念促使人类追求成为自然界的主人。

2. 非人类中心主义

非人类中心主义认为地球上的其他生物也有生存权利，人类在改善自身的生存环境时，不能牺牲其他生物的生存权利。人类有义务维护地球环境的生态平衡，既要考虑人类的利益，也要考虑人类以外的，诸如动物、植物及整个自然环境的利益。

非人类中心主义建立在深刻理解人与自然关系和对环境问题反思的基础之上，在20世纪60年代以后得到迅速发展。非人类中心主义包含了动物福利主义、生物中心主义、生态整体主义3个层次。动物福利主义主张将动物纳入道德关怀的范围，像关怀人类一样关怀动物，为此设立动物福利法。生物中心主义认为所有的生命都有自己存在的目的，拥有人类所拥有的价值，所以要像关怀人类一样关怀其他生命，包括动物、植物。生态整体主义则要求不仅要关怀动物、植物，还要关怀整个生态系统。例如，真正保护老虎不是把老虎养在动物园里，而是让老虎回归山林，展现自己的本性。为了让老虎在山林里自由自在地生活，在保护老虎的同时，还要考虑保护老虎的栖息地。

非人类中心主义从动物福利主义到生物中心主义，再到生态整体主义的层次递进，反映了人类对自然的道德境界的提升及道德关怀范围的扩展。

📖 案例

DDT与寂静的春天

DDT是诺贝尔生理学或医学奖获得者、瑞士化学家保罗·米勒发明的一种高效的有机杀虫剂，在二十世纪三四十年代，它以喷雾的形式用于对抗黄热病、伤寒、疟疾等疾病，并有效地阻止了这些疾病的传播，如图5.4所示。之后，DDT广泛运用于粮食生产、昆虫防治。然而，DDT被认为是在技术上成功、在生态上失败的典型案例。

图5.4　DDT及其应用

由于DDT的毒性比较大，它在消灭害虫的同时，也通过生态系统的食物链进入多种生物，乃至人类的身体里。更为严重的是，在大气环流的作用下，DDT被带到世界各地，北极的海豹及南极的企鹅身上都发现了DDT。DDT制造了大量的"死亡之河""寂静的春天"。因此，联合国在二十世纪八十年代初全面禁止使用DDT。

关于DDT，美国著名科普作家蕾切尔·卡森经过两年的调查，于1962年出版《寂静的春天》一书，如图5.5所示。该书描述了以DDT为代表的杀虫剂对环境、生物的危害，对人类征服大自然的绝对正确性提出了质疑，表达了作者对当前的自然环境和人类生存环境的担忧，并提出了希望重建人类道德使命的倡议。

图5.5　蕾切尔·卡森与《寂静的春天》

《寂静的春天》的出版在当时极富争议，人们争论的焦点是卡森坚持自然的平衡是人类生存的主要力量。这一观点不仅受到当时生产与经济部门的猛烈抨击，政府官员、科学家、企业家，甚至律师、医生等社会主流也都站在卡森的对立面，认为卡森的说法耸人听闻，坚信人类正稳稳地控制着大自然。此后，美国国会成立了专门的调查小组，经过两年的调查，调查结果证明卡森是正确的。美国前副总统戈尔对卡森进行了高度评价：作为一位被选出来的政府官员，给《寂静的春天》作序有一种自卑的感觉，因为它是一座丰碑，其思想的力量比政治家的力量更强大。1970年，美国环境保护署的成立在很大程度上源于卡森所唤起的环保意识和人们对环境的关怀。因此，卡森不仅为人类环境保护意识点燃了一盏明亮的灯，也促进了今天的环保运动和环境科学的产生。

DDT的案例反映了现代人在工程运用的过程中只关心技术和经济上的可行性，对运用这些技术所产生的生态后果缺乏整体性考虑。DDT的发明者可能也没有想到DDT会对人类、生物、环境甚至整个生态系统产生如此重大的危害，这说明现代技术的高度复杂性及人类对经济效益的追求，使得工程充满了风险。工程越大型，技术手段越复杂，工程的不确定性就越大，风险也越大。因此，在还没有办法预测某项技术在工程运用过程当中的情形时，人们应谨慎对待这项技术的研发及实施。

5.2.2 中国环境伦理思想

在中国古代，先民通过观察、体悟自然，利用自身的实践活动不断总结、验证和反思，形成具有中国特色的人与自然和谐相处的思想和实践。

1."天人合一"的理念

在原始时期，先民受限于对自然的认知水平，将日月星辰、山川河流、花草树木、各种动物作为尊重的自然对象，对它们产生珍视的情怀，进而形成对自然的崇拜、敬畏，人与自然的关系转变为人与代表自然的神的关系，这也揭开了中华文明中人与自然和谐相处的帷幕，指导着先民的工程实践活动。

随着中国古代农业文明的到来，人们通过对自然界运行规律、动植物生长特征等方面的观察与认识，总结出一系列的农业时令规则，并依据这些规则进行生产活动。人们认识到农业是一种重视季节与周期的生产实践活动，讲究"时、序、度"，即农时不可误、农序不可违、凡事讲究度。敬畏天时、顺天应时成为中国古代农民遵守的第一准则。儒家认为，"仁者以天地万物为一体"，这种"天人合一"的理念就是对中国传统农业社会的生产活动中的经验教训、规范体系的探索与概括，标志着中国古代环境伦理思想的初步形成。"天人合一"的理念可以从"道法自然""仁爱万物""取用有度"3个方面理解。

（1）"道法自然"

自然是人类生存和发展的基础，"道法自然"是指尊重自然，遵循自然规律。老子说："人法地，地法天，天法道，道法自然。"老子认为"道"是万物存在的依据，人只有遵循这种自然而然的"道"，才能实现"天人合一"的最终目标。先民在与自然相处的过程中，对自然产生了浓厚的道德情感和人文关怀，"道法自然"成为一种有效处理人与自然之间的关系，指导人类的实践活动的环境伦理思想。

（2）"仁爱万物"

儒家倡导人与自然万物都有平等的生存权利，人只有尊重自然界中的一切生命，并将其视为与人一体的生命共同体，才能实现生态系统的平衡，从而保证人与自然的可持续发展。"仁爱万物"体现了处理人与人、人与自然之间关系时的原则和情感。

（3）"取用有度"

荀子曾指出："圣王之制也，草木荣华滋硕之时，则斧斤不入山林，不夭其生，不绝其长也；鼋鼍、鱼鳖、鳅鳝孕别之时，罔罟、毒药不入泽，不夭其生，不绝其长也。春耕、夏耘、秋收、冬藏四者不失时，故五谷不绝而百姓有馀食也；洿池渊沼川泽谨其时禁，故鱼鳖优多而百姓有馀用也；斩伐养长不失其时，故山林不童而百姓有馀材也。"这强调人类在从事生产活动时，不能进行竭泽而渔、焚林而猎的掠夺式资源利用，要顺应自然规律，选择适当的时机，采取适当的手段获取资源，使自然资源取之不尽、用之不竭。老子倡导"知足知止"，认为人类应在自然可承受的范围内开发利用自然资源，及时止损。庄子提出"知止其所不知"，表明人类利用自然资源提升自身生活质量的前提是遵循自然客观规律，秉持适度原则。

> ★ 案例
>
> ### "三眼井"
>
> 云南省丽江市古城区的"三眼井"是利用地下喷涌出的泉水，依据古城区西北高、东南低的地势特点而修建的三级水潭，如图5.6所示。
>
> 水从地势最高的第一潭冒出，主要用于饮用；水从第一潭溢出后流入地势稍低的第二潭，用于清洗蔬菜；第三潭水位于地势最低处，用于洗涤衣物；最后水从第三潭排入水渠，用以灌溉农田，实现水的循环利用。这种理水系统将当地居民的日常生活与生产实践相结合，既保证了尊重自然规律，又促进了人类主观能动性的发展。
>
>
>
> 图5.6 "三眼井"
>
> "三眼井"展现了人们对水资源的合理利用，体现了人与自然和谐相处之道。

2. 社会主义生态文明观

改革开放以来，随着经济的快速发展，中国的环境伦理观也在不断发展。党的十三届四中全会以来，国家把可持续发展战略作为指导我国经济社会发展的重大战略，树立了社会主义生态文明观。党和政府对生态文明建设高度重视，并将生态文明建设纳入五位一体的中国特色社会主义建设的整体布局，坚定不移贯彻"创新、协调、绿色、开放、共享"的新发展理念，加强生态环保合作，建设生态文明，共同实现2030年可持续发展目标，提出共谋全球生态文明建设、深度参与全球环境治理、构建人类命运共同体等重大战略理念，得到了国际社会的普遍认可与响应。

党的二十大报告指出："人与自然是生命共同体，无止境地向自然索取甚至破坏自然必然会遭到大自然的报复。我们坚持可持续发展，坚持节约优先、保护优先、自然恢复为主的方针，像保护眼睛一样保护自然和生态环境，坚定不移走生产发展、生活富裕、生态良好的文明发展道路，实现中华民族永续发展。"绿水青山就是金山银山，生动地展现了我国生态环境保护与经济社会发展的和谐关系。改善生态环境就是发展生产力，良好的生态本身就蕴含着无穷的经济价值，能够源源不断地创造综合效益，实现经济与社会的可持续发展，满足人民对美好生活的需要，增强人民的归属感、自豪感，激发人民工作的积极性和创造性，团结人民为建设美丽中国而不懈奋斗。

5.3
环境伦理核心问题与原则

5.3.1 环境伦理核心问题

在工程领域，环境保护已经成为工程活动的重要目标，只有将自然环境纳入道德关怀的范畴，确立对自然环境的道德责任，才能有效保持生态平衡。工程中环境伦理主要涉及两个核心问题，即自然的价值和自然的权利。

1. 自然的价值

自然的价值具有多样性，如经济价值、历史价值、文化价值等，这些价值概括起来可以分为两大类：一是工具价值，二是内在价值。工具价值是指自然对人的可用性。内在价值是自然事物本身所固有的属性之一，无关乎人类的存在。例如，路边的一朵小花静静地开放，人类中心主义者认为这朵小花是没有价值的，因为这朵小花对人类而言没有可用性；非人类中心主义者认为这朵小花的存在与人类无关，因为它依靠自然规律开花结果、繁衍后代，就其本身而言自然具有内在价值，是客观存在的。

人类是大自然的创造物，是价值的承载者，人类只是更多以价值主体的身份出现，能够认识、评判自然物的工具价值或内在价值。因此，人类对自然的内在价值的承认，就是人类转变对自然的态度的必要条件，即如果人类承认自然拥有内在价值，人类就和自然拥有了一种道德关系。这就要求人类要尊重自然的内在价值，将自然纳入道德关怀的范畴，而不是去抑制或损害它。

考虑自然的内在价值的主要目的是希望人类在工程活动当中对自然进行理性的评价，对自然进行开发利用时秉持一种理性和谨慎的态度。人类通过对自然的伦理关怀，约束自己的行为，就不会对自然进行无所顾忌的掠夺或者资源消耗。

2. 自然的权利

权利的产生与价值是分不开的，人类承认自然具有内在价值，就意味着人类认可自然拥有获得对其内在价值的尊重的权利。所谓自然的权利，主要是指自然界存在的权利，以及自然界当中各种生物持续生存的权利。例如，一条河流的内在价值通过连续性、完整性及生态功能展现出来，人类为了尊重这条河流的连续性、完整性及生态功能，则要保证该河流的生存和健康权利，即不仅要保证该河流的基本水量，不过度掠夺，还要保证良好的水质、稳定的河道及健康的流域生态系统。

因此，从人与自然协同进化的观点来看，人类承认自然的权利，也就是承认自身对自然的道德责任。人类应该主动承担自己应尽的生态职责，构建人与自然生命共同体，敬畏、尊重、顺应和保护自然，从而促进自然生态系统的健全和持续发展。

5.3.2 环境伦理原则

人们虽然拥有环境伦理思想，但是在进行具体工程活动时，还需要建立环境伦理原则，以对工程活动进行指导。

1. 尊重原则

历史上，"人定胜天"的价值观曾导致严重的生态环境问题。1982年10月，联合国大会通过的《世界自然宪章》指出，任何生命都具有独特价值，都值得被尊重，人们对所有生命要心怀敬畏，善待所有生命。人们有了这种观念，在处理工程问题的时候，尤其是在人与自然的诉求发生冲突的情况下，会变得格外谨慎，从而将对自然的损害降到最低。

2. 整体性原则

自然界是一个有机整体，处于自然界中的每一个事物都有其生态位置，它们彼此联系，构成了一个利益共同体。整体性原则要求对各方的短期和长期利益进行充分考虑，维持自然生态的动态平衡，从而保证人与自然的和谐共生。

3. 不损害原则

不损害原则是指在工程活动中，尽可能减少对自然的损害或者不损害自然。不损害原则体现为善待生命，充分考虑了正常的工程活动对自然造成的影响，这种影响应当是可以弥补和修复的。

4. 补偿原则

补偿原则是指如果工程活动对自然造成了损害，人们应对这种损害做出补偿，以恢复自然的健康状态。例如，生态修复是一种针对生态退化、破坏而开展的实践活动，通过人工介入的手段，加快已受损的生态系统的修复速度，丰富生物多样性与增强生态系统的稳定性，从而实现生态平衡。

人类采用上述4个环境伦理原则处理在工程实践中遇到的环境伦理问题，但在自然的利益和人的利益发生冲突的情况下，可以遵循以下原则进行处理。

1. 整体利益优先原则

人类的一切活动都应服从自然生态系统的根本需要。

2. 需要原则

需要分为生存需要、基本需要和非基本需要。生存需要是根本性需要。人类所享有的政治权利、选举权与被选举权、受教育的权利等，属于人类的基本需要。非基本需要是指不会产生重大影响的需要，如参加一场音乐会的需要。生存需要高于基本需要，基本需要高于非基本需要。个体与个体之间发生冲突的，则遵循需要原则进行处理。

3. 人类优先原则

当人类和自然都面临生存需要问题时，所有的物种都把自身的生存看成最重要的。在这种情况下，依据生物学的原则，人类的利益是优先的，则采用人类优先原则处理问题。

在工程领域里，当自然的整体利益和人类的局部利益发生冲突的时候，依据整体利益优先原则进行处理；当自然的局部利益和人类的局部利益发生冲突的时候，根据需要原则来处理；当自然的整体利益和人类的整体利益发生冲突的时候，则采用人类优先原则处理。

例如，九曲十八弯的黄河孕育了中华文明，被称为母亲河。黄河生态用水用于维持河流的生态功能、水里的鱼的生存及流域的生态平衡。人类秉持环境原则，尊重黄河生态系统享有的各项权利，采取措施保护黄河生态系统，促进黄河生态系统的长远发展。人类会利用黄河水进行农业灌溉、工业生产或将其作为生活用水。当人类的工业生产用水需要与黄河生态用水需要发生冲突时，根据需要原则，黄河生态用水需要是基本需要，我们要优先满足黄河生态用水需要。当人类出现饮水困难，而此时黄河生态用水需要也只能得到基本满足时，河流的生存和人类的生存出现冲突，在这种情况下，应遵循人类优先原则，即人类要从黄河中取水来满足自己的生存需要。

5.4

本章小结

生态环境是人类赖以生存和发展的重要保障。人类在工程活动中，通过对生态环境的道德思考，形成不同的环境伦理思想。特别是在中国环境伦理思想中，中华民族继承和发展"道法自然、仁爱万物、取用有度"的生态伦理观念，丰富和创新人与自然共生的生态伦理思想，深化和升华马克思主义中国化的生态伦理思想，从而形成绿水青山就是金山银山的生态文明观，为中国坚定不移贯彻"创新、协调、绿色、开放、共享"的新发展理念奠定了坚实的基础。人类应承认生态环境中所有生物存在的价值及享受的权利，采用尊重原则、整体性原则、不损害原则及补偿原则，构建"天人合一"的绿色工程、和谐工程，实现人与自然的和谐共处。

5.5

本章习题

1. 在工程活动当中，怎样理解人与自然的关系？怎样运用环境伦理思想处理工程活动当中的各种问题？

2. 2002年3月，坐拥长江和黄鹤楼胜景的武汉外滩花园小区建成仅4年，因违反《防洪法》被强制爆破，造成经济损失达2亿多元。这是没有考虑自然的什么价值而造成的？

3. 请查阅相关资料，谈一谈什么是碳交易和碳普惠，并说明两者的区别。

4．结合你目前所读专业领域的实际案例，谈一谈如何促进可持续发展。

5．根据本章"青藏铁路"案例，进一步查阅资料，回答以下问题。

（1）一项工程如何做到环境友好？

（2）你认为将巨额资金用于环境保护是否值得？为什么？

（3）如何化解工程建设与生态保护的矛盾？

第2篇 意识与责任

第6章

工程师的伦理责任

工程师作为工程活动的主体，在现代工程活动中扮演着极其重要的角色，已然成为现代工程活动的核心及推动社会经济发展的重要力量，而工程师的素质与责任也愈来愈受到社会的关注。本章主要介绍工程师基础知识及新时代工程师的职业要求，工程师伦理责任演变与工程伦理规范发展，工程师伦理责任的原则和具体表现，以及工程师的伦理冲突。

本章学习目标

（1）了解工程师基础知识及新时代工程师的职业要求。

（2）了解工程师伦理责任演变及西方和中国工程伦理规范发展。

（3）了解工程师伦理责任的原则和具体表现。

（4）理解工程师的伦理冲突。

"天眼之父"南仁东

南仁东，500米口径球面射电望远镜（Fire-hundred-meter Aperture Spherical radio Telescope，FAST）工程原首席科学家兼总工程师。他潜心从事天文研究，坚持自主创新，提出将我国贵州省喀斯特洼坑作为射电望远镜台址。FAST工程从论证立项到选址建设历时22年，南仁东主持攻克了一系列技术难题，为FAST工程建设发挥了关键作用，为实现中国拥有世界一流水平射电望远镜的梦想做出了巨大贡献，如图6.1所示。

图6.1 南仁东与FAST

随着天文研究对大型观测设备和仪器越来越依赖，世界各国竞相建造更大口径、更灵敏的射电望远镜来破解更多宇宙的秘密。20世纪90年代，我国最大的射电望远镜口径只有25米，而美国于1974年扩建的阿雷西博望远镜的直径是350米，德国波恩建成于1972年的埃菲尔斯伯格射电望远镜的抛物面天线直径也达到100米。

早在1984年，南仁东使用国际甚长基线网对活动星系核进行系统观测研究，主持完成欧洲及全球网10余次观测，取得了丰富的天体物理研究成果。在日本东京召开的一次国际无线电科学联盟大会上，科学家们提出，在认识宇宙的过程中，射电望远镜功不可没，因此，在全球电波环境继续恶化之前，我们应建造新一代射电望远镜，以接收更多来自外太空的信号。正是这次大会，改变了南仁东和中国射电天文学界的行进轨迹。

南仁东回国后，从零开始筹建FAST，即在中国境内建造直径为500米、世界最大的单口径射电望远镜。而建设这样大口径的射电望远镜不仅是一项严密的科学工程，还是一项难度巨大的建设工程，涉及天文学、力学、机械工程学、结构工程学、电子学、测量与控制工程学，甚至岩土工程学等多个学科的专业知识与技术。关键技术无先例可循，关键材料急需攻关，现场施工环境非常复杂，工程建设的艰难程度远超想象。

《南村辍耕录》有云："一事精致，便能动人，亦其专心致志而然。"一辈子只做一件事情，意味着执着、专注和获得内心的平静，也意味着享受孤独、甘于寂寞和勇于承担所有的后果。南仁东在贵州20多年风雨兼程，爬遍了贵州的喀斯特地貌，最终寻到大窝凼，贵州业已成为他的第二故乡。2011年，FAST工程开工令下达，在五年半的时间里，150多家国内企业、20余家科研单位、数千人的施工队伍相继投入FAST工程的建设。南仁东深知除了做好这件事，自己别无选择，废寝忘食成为南仁东的工作常态。在审核危岩和崩塌体治理、支护方案时，不懂岩土工程学的他，用了一个月的时间学习相关知识，对方案中的每一张图纸都仔细审核。最后，他指出了方案中的不少错误，还提出了许多非常专业的意见，令合作单位的专家们刮目相看。

南仁东主持FAST工程的选址、立项、可行性研究及初步设计，主编科学目标，指导各项关键技术的研究及模型试验，历经22年，带领团队突破了一系列技术难题，最终建成了"中国天眼"，实现了3项自主创新：①利用贵州天然的喀斯特洼坑作为台址；②洼坑内铺设数千块单元，组成500米口径球冠状主动反射面；③采用轻型索拖动馈源平台和并联机器人，实现射电望远镜接收机的高精度定位。

"虚荣的人注视着自己的名字，光荣的人注视着祖国的事业。"南仁东倾尽一生为祖国的天文事业登上世界巅峰做贡献，他虽已与世长辞，但他的爱国情怀、科学精神和勇于担当的精神激励着广大科技工作者继往开来、不懈奋斗。

思考

工程师应该具有哪些职业美德，在工程活动中应该承担哪些伦理责任？

6.1

工程师概述

6.1.1　工程师基础知识

与工程一样，工程师从产生到成为一种职业也经历了一个发展过程，而中西方工程师的发展也不尽相同。

1. 西方工程师的发展

在古代西方，工程师通常是指建造和操作弩炮、破城槌、抛石机、云梯、浮桥、碉楼等军事设施或器械的士兵。第一本工程手册是炮兵用的工程手册，第一个关于工程师的职业组织于1672年在法国的一支军队中成立。1747年成立的法国巴黎综合技术学校是第一个授予工程学位的学校。1802年成立的美国西点军校是美国的第一所工程学校。这两所学校隶属于国防部门并专门为军队培养工程师，有着明显的军事特征。

1755年出版的《约翰逊字典》把工程师定义为"指挥炮兵或军队的人"，1828年出版的《韦氏大词典》认为工程师是有数学和机械技能的人，他负责制订进攻或防御的工事计划和划出防御阵地。这两本词典对工程师的定义都限于军事方面。由此可见，这个时期的工程师受雇于军队，为一定的军事目的服务，服从军队的命令。

随着技术的进步，人类的工程活动越来越复杂。18世纪工业革命爆发后，机器生产逐步取代手工生产，成为当时社会的主要生产方式。此时，工程师和军人之间的联系被弱化，工程师被赋予新的含义，即泛指操作机械引擎的人。例如，铁路工程师是指火车司机。"民用工程师之父"、英国爱迪斯顿灯塔的设计者约翰·斯米顿于1768年第一个称自己为民用工程师，至此工程师才有了确切的含义，并开始在欧洲通用。从职业和工作性质的角度来看，这一命名不仅将"民用工程师"与传统的"军事工程师"区分开——因为后者虽然从事修建各种工程的工作，但他们隶属军队，而且也将工程师与传统工匠及其他行业的"技师"区分开。这个时期的工程师主要从事道路、桥梁和城市供水系统的设计。英国土木工程师协会于1818年创立，美国、法国、德国等也先后成立类似组织。例如，1848年，美国第一个民用工程师职业组织——波士顿土木工程师协会成立；1852年，美国土木工程师协会成立。这些协会的成立标志着工程师作为职业正式出现。第二次世界大战之后，西方发达国家已然进入了工程和工程师的时代，工程师成为社会主流职业，建设工程成为改造世界的主要手段。

2006年，英国机械工程师学会理事长安德鲁·艾夫斯在国际机械工程教育大会上提出："工程师是为了实现一种明确的目的，利用所学的知识对具有技术内容的事物进行构思、设想、制作、建立、运作、维持、循环或引退。"

2. 中国工程师的发展

在中国古代，工程活动只是当时社会的临时态，承担工程任务的劳动者都是临时从事工程活动的农民或手工业者。他们在工程完成后继续进行原来的生产活动。随着社会的发展，出现"工匠"或"工师"的称谓。所谓工匠，是指具有一定技能且富有创造性的劳动者。工师是指在具体的施工活动中由工匠们共同推举出的技艺水平较高的人，主要负责工程活动拟定、掌管或传承。工匠的工程活动与工程师的工程活动不同，工匠们主要依靠个体的实践经验进行工程活动。之后，解决实际工程问题的专家群体通常以具体的职业名称指代，如河道监理，或者以一个泛指的概念——"智者"来表示。

到了洋务运动时期，"工程师"称谓传入中国。中国第一批近代工程师来自晚清留美幼童，其中著名的有詹天佑，修筑京张铁路时，他被任命为"总工程司"，既负责技术，也履行管理职责。京张铁路的建成使中国工程师获得国内外工程界的认可，也使得中国工程师的地位和威望不断提升。

为了更好地团结工程师群体，促进中国近代工程师的交流与工程事业的进步，以詹天佑为代表的工程师们于1912年创立了我国第一个工程学术团体——中华工程师会，后更名为中华工程师学会。中华工程师学会的成立对开展学术交流活动和推动科学技术事业的发展起到了突出作用，营造了一种积极的学术研究风气，培养和造就了一大批国家急需的爱国的工程专业技术人才。1918年，远赴美国留学的中国学生在美国纽约联合发起并创立了中国工程学会。1931年，中华工程师学会与中国工程学会合并，更名为中国工程师学会，该学会是当时国内唯一的综合性工程学术团体。中国工程师学会的发展历程如图6.2所示。

中国在这个时期涌现出一批批优秀的工程师，原因在于：一是国家命运多舛，这激发了他们强烈的社会责任感；二是翻天覆地的社会变革激发了他们强烈的创新精神；三是知识改变命运的信念激发了他们强烈的求知欲。

中华人民共和国成立以来，中国工程事业有了长足发展，中国工程师群体得到了快速发展。特别是自改革开放以来，中国工程师在现代化和全球化的进程中，创造了如青藏铁路、三峡工程、西电东送等一个又一个工程奇迹，赢得了社会声望和社会地位。

今天的中国已然成为拥有工程师最多的国家。从2000年到2020年，中国培养了6 000万名工程师。2021年3月18日，中国工程师联合体成立，旨在凝聚工程科技界、工程产业界、工程科技社团等社会各方力量，构建工程师事业共同体、价值共同体、命运共同体，推动中国乃至全球在创新驱动的道路上发展，并贡献更多中国智慧和中国力量。

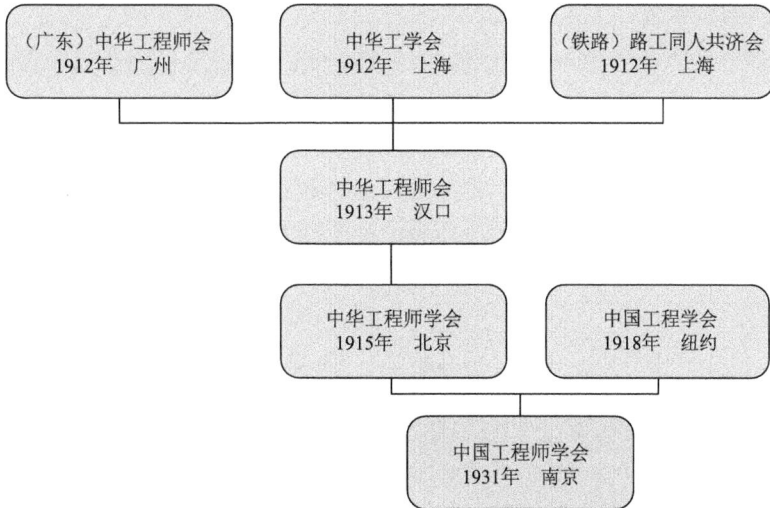

图6.2 中国工程师学会的发展历程

3. 工程师与工程师共同体内涵

根据中西方工程师的发展历程可知，所谓工程师，是指掌握和运用科学知识和技术应用技巧，在人类改造自然的实践过程中，从事研发、设计与生产施工等活动的工程技术人才。

随着工程技术的发展，工程技术与经济的紧密结合成为时代的要求，工程师这一职业也获得比较独立的社会地位，形成了工程师共同体。

在工程师共同体中，大家从事相同的职业，面对相似的问题，在资质的获得上接受基本相同的训练，共同遵守相应的行为规范。对外，工程师共同体代表所有工程师，向社会宣传工程师的重要价值，维护工程师的地位和荣誉；对内，工程师共同体制定职业标准，促进工程师的职业发展，增进工程师的知识和技能，提高工程师的专业服务水平，协调工程师之间的利益关系。

4. 工程师分类

由于工程项目种类繁多，工程师根据职能可划分为研发工程师、设计工程师、制造工程师、销售工程师、服务工程师、管理工程师、试验工程师等。工程师类型及其职责如表6.1所示。

表6.1 工程师类型及其职责

类型	职责与能力	各国工程师占比			
		中国	美国	德国	澳大利亚
技术实施型	在工业生产第一线从事设计、试验、制造、运行等技术工作，善于解决工程中的复杂问题	60%～70%	45%	45%	40%
研究开发型	从事工程技术开发、工程基础研究工作，具有提出新概念，制定新规程，开发新材料、新工艺、新产品的能力	10%～15%	15%	12%	8%
工程管理型	从事以技术背景为主的策划、协调、组织、实施、管理、经营、销售工作，具有宽知识面、强组织力，对工业生产有洞察力	15%～20%	20%	35%	45%
其他	教育、咨询等	5%	20%	8%	7%

5. 工程师与科学家、工人的区别

工程师不同于科学家，虽然科学家和工程师都是知识劳动者，但他们所掌握的专业知识和具有的思维方式不一样。科学家拥有的知识主要是科学知识，而工程师拥有的知识主要是工程知识，包括设计知识、工艺知识、研发知识、设备知识、生产加工知识、技术管理知识、安全生产知识、维修知识、质量控制知识、产品知识、市场知识、相关的社会知识等，因此工程师和科学家是两种不同类型的社会职业和工作岗位。正如航空工程的先驱者、美国加州理工学院的冯·卡门教授所言："科学家研究已有的世界，工程师创造未有的世界。"科学家与工程师的区别如表6.2所示。

表6.2　科学家与工程师的区别

区别	科学家	工程师
工作目的	对自然或社会现象"为什么"会发生感兴趣，探寻事物的一般性原理和规律	对工程技术问题"为什么"会发生感兴趣，力图根据普遍规律设计和制造社会所需物品
工作结果	定律、定理、规律	人造物
工作过程	观察现象、收集数据、分析数据、提出理论以描述研究结果，理论往往可以用数学公式表示	根据功能要求，按照科学规律构思并制作模型、测试完善模型、形成产品并推向市场
工作方法	以分析为主，剔除系统中不必要的信息，使信息递减，凸现规律	以综合集成为主，不断完善系统功能
工作特征	开展针对基础理论、应用科学或技术科学原理的研究	研究新技术、新设计、新工艺、新材料和新方法
工作定位	探索者、开拓者、发现者、新概念创造者	设计者、开发者、新技术形成者、新标准制定者，能规划、预见及评价、系统地处理问题

工人与工程师的相同之处在于他们都是被雇佣的劳动者，区别在于：工程师是知识劳动者，工人是体力劳动者；工程师拥有专业性很强的工程知识，工人拥有较强的操作能力。

6.1.2　新时代工程师的职业要求

随着工业化进程的不断推进，工业文明推动了社会经济的发展和人们生活水平的提升。与此同时，人类的活动也给人类赖以生存的环境造成巨大的影响。工程师不仅被给予极大的社会期望，社会也对其提出相应的要求。美国职业工程师协会对工程师提出的要求是："工程师要有数学、基础科学和工程科学方面的坚实基础，必须具备与工程原理相关的经济、社会、法律、美学、环境和伦理等非技术领域的知识；工程师应该是一个能够根据社会需求提出概念，进行设计，从事开发，形成新技术，并且能制定标准的人；工程师还应该做到能规划、能预见、能将问题系统化，并对关系到卫生健康、生命安全、人民幸福、财产损失等方面系统的和部分的问题有判别能力。工程师的核心是革新。"

中国工程院院士朱高峰认为："现代工程师应该能综合运用科学的方法及观点和技术手段来分析与解决各种工程问题，承担工程科学与技术的开发与应用任务。他所应具有的基本素质，包括知识、能力、品德3个方面。"品德是做人的前提，能力以知识为基础，是获取和运用知识的保障。因此，知识要求、能力要求和品德要求三者共同构成新时代工程师的职业要求。

1. 知识要求

工程是一种知识密集型造物活动，工程师应具备系统的知识体系，具有基础学科知识、专业技术知识、相关非基础学科知识和人文社科知识等4个方面的知识，需要对工程进行规划、决策、设计、研制、施工、运行、检测、管理、评价等，并使之贯穿人造物构思、设计、实现和运作的全过程。一个合格的工程师不应仅仅实现对专业知识和经验的简单积累，还应打破学科壁垒，把相关知识串联起来，形成厚实、集成的系统创新知识体系，为解决复杂的现实工程问题提供知识支撑。

2. 能力要求

工程师不仅要随时维持专业知识精进，也要与同僚、雇主、社会形成良好的互动，由此可见，工程师具有分析整合、解决问题的素养尤为重要。要成为一个合格、称职的工程师，需要具备各种能力，其中最重要的是以下几种。

（1）实践能力

工程活动的本质是一种社会实践活动，是一种在认识自然的基础上根据人类自身需要能动地改造自然的活动。工程师的实践能力是综合运用科学理论和技术手段，分析与解决实际工程问题，并善于从实践中总结事物的规律的综合能力。实践能力是工程师从事工程活动的基本能力。

（2）创新能力

工程活动是人类利用自然界的物质、能源和信息创造一个世界上原本不存在的人造物的过程，创新是工程活动的灵魂，创新性是评价一项工程优劣的重要指标。工程师必须具备强烈的创新意识和极强的创新能力，要在实践中用所掌握的跨学科知识和理论综合分析，解决前人没有解决的工程问题。

（3）信息获取能力

工程师利用计算机、网络、多媒体等多种渠道获取所需信息，并通过信息的搜集、整理、组织与分析，将信息转化为知识。

（4）终身学习能力

工程师应树立终身学习的观念，积极主动，不断寻求新知，掌握所从事工作需要的基础知识，熟悉本专业最新的发展动态，善于向实践学习，善于向书本学习，善于吸收新知识，以便在工作中遇到实际问题时能快速找到解决问题的途径和方法。

（5）交流沟通能力

工程师应具有良好的沟通技巧，善于与相关人员进行书面或口头沟通，能清晰表达自己的观点与理念，积极听取吸收他人的意见。

（6）组织协调管理能力

组织协调管理能力是工程师的一种重要能力。工程师应从整体考虑，整合各项资源，改善和调整各工作人员之间、投资方和工作人员之间的关系，以达到统一协调的目的，保证工程活动正常进行。

（7）团队合作能力

工程活动是一种内部分工日趋精细化的活动，随着社会分工越来越细，单靠个人的力量已难以完成技术的创新和实践，团队的作用日渐显现出来。工程师要善于与自己意见不同、性格不同的同事、同行开展密切的合作，大家共享信息，各司其职，以完成工程活动的总任务。

3. 品德要求

所谓品德，是指个体依据一定的社会道德准则和规范行动时，对社会、他人、周围事物所表现出来的向善的思想行为。工程师职业美德是工程师参与工程活动时需要遵守的行为准则，是对工程师的内在要求，是工程师在工程实践过程中表现出来的综合品质。

国无德不兴，人无德不立。党的二十大报告指出："坚守中华文化立场，提炼展示中华文明的精神标识和文化精髓，加快构建中国话语和中国叙事体系，讲好中国故事、传播好中国声音，展现可信、可爱、可敬的中国形象。"新时代工匠精神是数千年以来中国匠人群体在工程活动中达成的共识，是我国工程事业最根本的文化基因，它既是一种传承，也是一种中国式价值理念，很好地诠释了新时代工程师应具有的职业美德。

（1）诚信正直、实事求是

诚信不仅是立德修身之本，也是有序的市场经济最基本的道德规范要求。内诚于心，外信于人，诚信是指尊重事实、信守诺言、履行责任。正直是思想、语言、行为与开放意识的结合体，激励人们不仅满足于完成任务，更致力于追求卓越。"实事"是客观存在的一切事物，"是"是客观事物的内部联系，即规律，"求"是指研究。

在工程活动中，98%的工程事故是能力不足造成的，2%则是贪婪、欺诈、不诚信等因素造成的。工程师应诚实地对待工程问题，杜绝篡改、拼凑、伪造和剽窃、偷工减料、以次充好等不道德的行为，提升自我专业责任感，真正为公众的安全、健康和福祉保驾护航。

（2）爱岗敬业、甘于奉献

爱岗敬业、甘于奉献应是工程师的基本职业态度。爱岗敬业是做好工作的重要保证，要求工程师对自己的职业保持一颗敬畏之心，心怀理想信念和使命感，专注于本职工作，坚持职业操守，尽职尽责，履行自己对社会的义务，实现自己的人生价值。甘于奉献是爱岗敬业的必然要求和至高境界，是实现创新的不竭动力。

（3）严谨认真、精益求精

由于工程风险的不确定性贯穿工程实践，工程师应具有强烈的使命感和责任感，以及高度的职业警惕性和谨慎性。老子曰："天下大事，必作于细。"细节决定成败，细节成就伟大。严谨认真、精益求精意味着一丝不苟、审慎对待每一个技术细节，不容许有任何差错，这也是大国工匠应该具备的精神特质。

（4）专注勤勉、勇于创新

工程师的专注勤勉、勇于创新表现为工程师对践行"致力于保护公众的健康、安全和福祉"职责的能动创造。工程师要积极化解技术和工程所带来的风险，勇于迎接挑战，敢于求变，创新地寻求工程"量"的增长和"质"的提升，以满足人们的需求。

因此，一名优秀的工程师不仅要具备扎实的专业知识及娴熟运用这些知识的能力，还要有追求卓越的工匠精神、强烈的社会责任感和历史使命感，这对于促进工程师形成向上的力量、向善的力量具有重要的作用。

📖 **案例**

水利专家张光斗

张光斗是中国工程院首批院士，也是中国水工结构和水电工程学科的创建人之一。张光斗在为国家水利水电事业奉献的70个年头里，其言行展示了一个现代中国知识分子爱国、奉献、严谨、敬业的形象。张光斗曾说："我不仅不是什么'泰斗''大师'，也不是科学家，我就是一名工程师，一名给老百姓干活的工程师。"

张光斗于1912年生于江苏省常熟市鹿苑镇，1934年毕业于上海交通大学土木工程学院，同年成为清华大学水利专业留美公费生，1936年获美国加利福尼亚大学土木系硕士学位，1937年获哈佛大学工程力学硕士学位，并获得攻读博士学位的全额奖学金。而在此时，中国抗日战争全面爆发，他毅然放弃继续深造的机会，辞谢导师——国际力学大师威斯托伽特教授的挽留回到中国。

回国后，张光斗成为一名水电工程师，他在四川先后负责设计了桃花溪、下清渊硐、仙女硐等中国第一批小型水电站，为抗战大后方的兵工厂提供支持。1951年，张光斗负责设计了黄河人民胜利渠首闸的结构，实现了几千年来中国人在黄河破堤取水的梦想。1958年，张光斗负责设计了华北地区库容量最大的密云水库，他大胆创新，采用大面积深覆盖层中的混凝土防渗墙、高土坝薄黏性土斜墙、土坝坝下廊道导流等革新技术，这些技术在当时均属国内首创。密云水库一年拦洪，两年建成，被誉为"放在首都人民头上的一盆清水"。

自20世纪50年代以来，张光斗先后作为官厅、三门峡、荆江分洪、丹江口、葛洲坝、二滩、小浪底、三峡等数十座大中型水利水电工程的技术咨询顾问，对这些工程的建设提出了诸多建议。

江河不治，水利不兴，则无以安邦。张光斗把责任看作比天还要大的事情，他曾说，"水利工程师对国家和人民负有更大的责任，因为水利工程在细节上的1%的缺陷，可以带来100%的失败，而水利工程的失败最终导致的是灾难与灾害"。

2002年4月，90岁的张光斗第21次来到三峡大坝工地，顺着脚手架往大坝上缘的导流底孔登去，查看了两个导流底孔后，他回到了地面。"我实在是爬不动了，"他说，"要是有力气能爬，我一定再去多检查几个导流底孔。"

"一条残留的钢筋头会毁掉整条泄洪道"的例子，张光斗从20世纪一直讲到21世纪。他告诉学生们，在水利工程上，绝不能单纯依赖计算机算出来的结果，因为水是流动变化的，如果你已经设计了100座大坝，第101座大坝对于你来说依然是一个"零"。

6.2
工程师伦理责任演变与工程伦理规范发展

6.2.1 工程师伦理责任演变

随着社会的发展，工程师在工程活动中不断利用技术手段解决人与自然、人与社会之间的问题，工程师的伦理责任也经历了从无到有的过程。

1. 从忠诚责任转向普遍责任

18世纪前，工程师受军队的管理和指挥，其主要职责是服从命令、对国家忠诚。18世纪后，随着工程活动由军事工程转为民用工程，工程师也由军士转换为建造者。尽管工程师的身份发生了变化，但民用工程隶属政府部门，工程师仍受雇于政府部门，因此，工程师的义务是服从政府部门的领导。

19世纪产业革命的兴起带动不同产业的发展，工程师受雇于不同的产业部门，并依靠自己的专业知识、技能和经验养家糊口。此时，对雇主忠诚成为工程师的首要义务。

随着劳动密集型企业逐步向技术密集型企业转型，掌握着专业技术的工程师在企业里的地位不断提高，他们的民主平等意识、公众责任意识也增强了，这导致他们与雇主的关系变得紧张，最终爆发了"工程师叛乱"，工程师们纷纷要求参与企业管理，扩大自己的责任。许多工程师认为应该把对上级的忠诚、服从责任转换为对经济与社会发展，甚至整个人类的文明进步的普遍责任。但这种普遍责任一方面片面夸大技术的能动性，忽视经济基础决定上层建筑，认为技术是万能的，一切社会问题都可以归结为技术问题；另一方面，出于自身的局限性，工程师虽然拥有工程技术领域的知识和能力，但缺乏普遍的知识和能力，因此工程师要求承担普遍责任是无法实现的。

2. 从普遍责任回归社会责任

随着工程活动规模的不断扩大，工程活动所产生的负面效应也越来越突出，这促使工程师开始质疑和反思自己在工程活动中的作用，最终导致工程师从想要承担普遍责任转向承担社会责任。

公众是工程产品的最终使用者，工程结果的好坏直接关系到公众的安全、健康和福祉。美国、德国、日本等许多国家的各个专业工程师协会都将公众的安全、健康和福祉放在首要位置，并写入工程伦理纲领之中。这标志着工程师由想要对社会承担普遍责任转变为对社会承担有限的责任，即工程师在面临对雇主的忠诚与涉及公众的安全、健康和福祉的选择时，工程师的伦理责任要求他将公众的利益置于首要位置。因此，工程师不仅要忠诚于雇主，也要对公众的安全、健康和福祉负责，社会责任便成为工程师伦理责任的重要组成部分。

3. 从社会责任延伸到自然责任

任何一项工程活动在与自然环境进行物质和信息交换的过程中，都不可避免地对自然环境造成负面影响，如资源短缺、自然景观消失、环境污染、生态平衡破坏等。这促使工程师作为工程实践主体又肩负起对自然的责任。

工程师在从事工程活动时，要树立事前责任的意识，肩负起保护自然环境、恢复和维护生态平衡及维持可持续发展的事前责任，对自然环境采取谦卑和敬畏的态度，充分预测工程活动对自然环境带来的危害的严重程度，在确保工程活动没有危险并且不会带来危害时，才能允许工程项目进入实施阶段。同时，工程师对于自然界出现的生态危机也要承担一定的事后责任。目前，许多国家的工程师协会在修改工程师伦理规范时，都加入了对自然负责、保护环境、维护物种的多样性、节约资源、实现可持续发展等内容。

从工程师伦理责任的演变可以看出，工程师伦理责任受到社会进步、技术革新、工程师自身反省和社会舆论等因素的影响，工程师伦理责任经历忠诚责任—普遍责任—社会责任—自然责任的变迁，其内涵在不断改变。

6.2.2　西方工程伦理规范发展

1. 酝酿时期

在工程师诞生初期，各个工程师团体并没有将工程伦理规范以文字形式明确下来，因为他们相信工程师的个人判断，从而不干涉工程师的行为，认为工程活动中出现的伦理问题仅是个别工程师的道德问题，强调工程师的个体责任。因此，工程伦理规范通常以口耳相传和师徒相传的形式传播，其中最重要的观念是强调工程师对雇主忠诚或服从权威，这种观念的形成与工程师首先出现在军队之中有关。

2. 产生时期

19世纪下半叶到20世纪初，工程师数量的急剧增加及专业分工的细致化进一步促进职业组织的不断更新，工程师们更加关注职业自治。不同类型的工程师在面对利益冲突时迫切需要一部规范，以对工程师之间的关系进行引导和处理。职业社团纷纷将工程师的权利、责任和义务以伦理章程的形式进行了明文规定，这成为推动工程师职业发展、提高工程师职业声望、使工程师获得公众认可的重要途径和手段。例如，1912年3月，美国电气工程师协会（美国电子与电气工程师协会的前身）制定了自己的工程伦理规范。1914年6月，美国机械工程师协会在美国电气工程师协会制定的工程伦理规范的基础上加以修改，形成自己的工程伦理规范。这个时期的工程伦理规范主要涉及工程师与雇主、同行、职业之间的关系，忠诚成为最基本的要求，具体描述为对雇主的忠诚或对客户的忠诚。如美国电气工程师协会的工程伦理规范中明确规定："工程师应该将保护雇主的利益视为其首要职业职责。"

3. 发展时期

20世纪上半叶，工程师通过完善技术使自己的职业功能得到充分发挥，但其工作结果的两面性也日益突出。人们也开始逐渐意识到工程具有两面性，即工程既能满足人类发展的需要，造福人类，也会给人类带来负面影响。特别是在第二次世界大战之后，反对核武器运动、保卫和平运动、消费者运动、环境保护运动等风起云涌，这促使工程师对其职业活动所服务的国家目标和商业目的进行反思，工程师逐渐意识到自己的工作对社会造成的影响和自己所应承担的社会责任。由此，工程伦理规范进入关注工程与工程师的社会责任的阶段，把公众的安全、健康和福祉放到首位成为工程伦理规范的首要原则。例如，1947年，美国工程师专业发展委员会（美国工程和技术认证委员会的前身）起草了第一个跨学科的工程伦理规范，该规范要求工程师充分关注生命安全和公众健康。1963年、1974年和1977年，美国工程师专业发展委员会对工程伦理规范先后进行了3次修改，进一步强化了这个要求。该工程伦理规范的"四项基本原则"中的第一项就要求工程师利用其知识和技能为人类谋福利，其7条"基本规范"中的第一条规定工程师应当将公众的安全、健康和福祉置于至高无上的地位。1974年，美国电子与电气工程师协会制定的工程伦理规范中也明确提出工程师应当关注公众的利益。

因此，这个时期的工程师不仅要忠诚于雇主，还要维护社会公众的利益。这标志着工程伦理开始得到社会的关注，工程伦理规范中关于工程师的社会责任的要求不仅为工程师从事工程活动提供了有益的指导，也为当公众利益和雇主利益发生冲突时，工程师采取什么样的伦理行动提供了制度保障。

4. 完善时期

从某种意义上说，发展时期的工程伦理规范是一种个人主义的工程师伦理规范。谨遵社会责任的工程师基于严格的技术分析和风险评估，以权威者的身份决定工程问题，并不主张所有公众或其他利益相关者参与工程决策。随着科学技术及社会的发展，工程活动对社会环境、自然环境影响的不断改变，公众和其他利益相关者开始关注工程活动对人类的影响，并提出参与解决工程问题的诉求，工程伦理的核心问题变为"如何让工程提供更多的便利"或者"什么是更好的工程"，工程伦理已由工程师的个体伦理迈向工程共同体的共同体伦理，工程师不再是工程的独立决策者，而是在参与式民主治理平台或框架中参与对话和调控的贡献者之一。

此外，随着人们环境保护意识的加强，各个职业社团也纷纷将保护环境的条款加入工程伦理规范中，如美国土木工程师协会于1977年在修订的工程伦理规范中提出"工程师有义务改善环境，提高我们的生存质量"。虽然工程伦理规范中逐渐加入了环境保护条款，但环境保护问题的解决依旧任重而道远。

6.2.3　中国工程伦理规范发展

1. 萌芽期——关注雇主和同行的利益

辛亥革命后，詹天佑在担任中华工程师会会长期间，从业务、道德、守规和处世4个方面对工程师的能力素质提出了明确的要求。与此同时，他倾注大量心血培养青年工程技术人员，勉励青年要解放思想、敢于创新，同时告诫青年要培养优良的学风，不断提升自我修养，并要求他们"勿屈己而徇人，勿沽名而钓誉。以诚接物，毋挟褊私，圭璧束身，以为范例"。

中国工程师学会成立后，致力于推进我国工程事业的发展，制定了一系列工业标准，宣扬工程师对社会的作用。同时，中国工程师学会也逐渐认识到工程师的职业活动对社会的重要影响，于1933年制定了符合中国实际的中国第一部工程伦理规范——《中国工程师学会信守规条》，即"1933信条"，其部分内容如下。

① 不得放弃责任或不忠于职务。
② 不得授受非分之报酬。
③ 不得有倾轧排挤同行之行为。
④ 不得直接或间接损害同行之名誉及其业务。
⑤ 不得以卑劣之手段，竞争业务或位置。
⑥ 不得做虚伪宣传或其他有损职业尊严之举动。

从上述内容可以看出，这6条都是以禁止不当行为的方式来规定工程师对于雇主或客户、同行及职业的责任的。"1933信条"与美国土木工程师协会于1914年制定的工程伦理规范在内容和形式上非常相近，如图6.3所示，这与民国初期工程师的专业背景及留学经历密切相关。

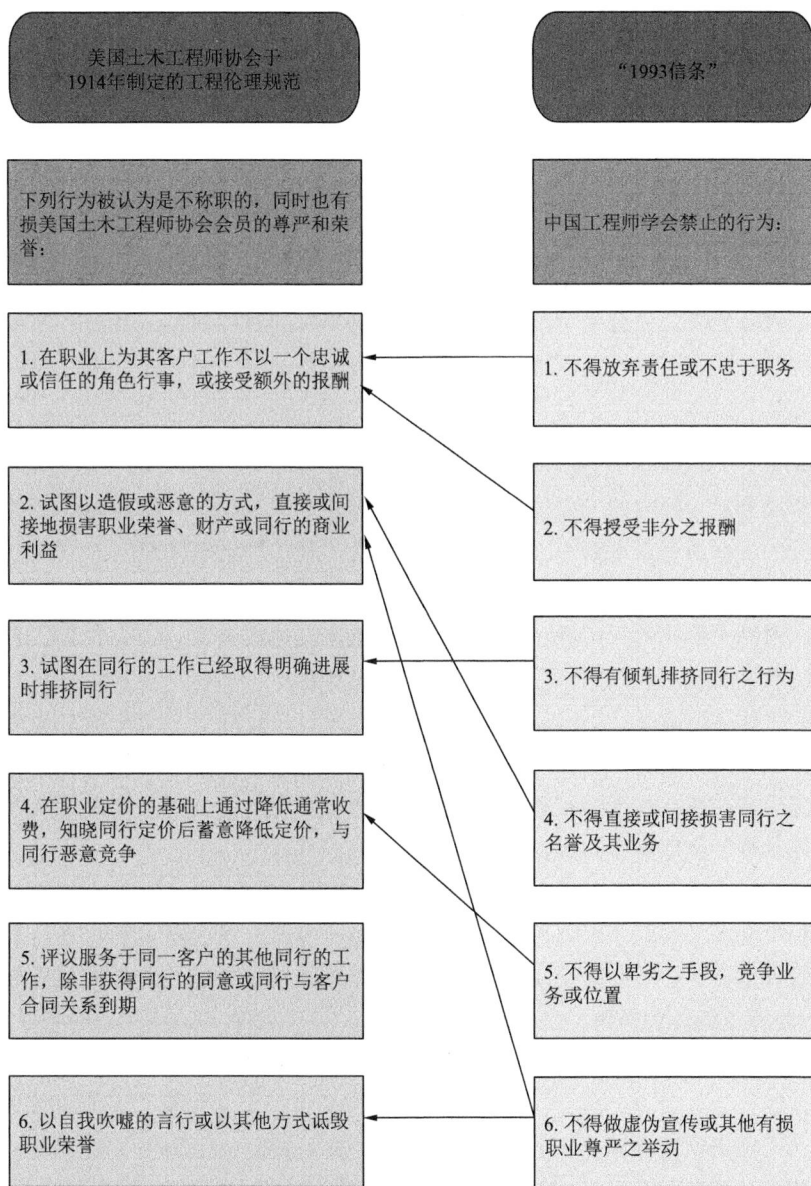

图6.3 美国土木工程师协会于1914年制定的工程伦理规范与"1933信条"的对比

2. 发展期——关注国家和民族的利益

"9·18"事变爆发后，中国工程师的国家观念和民族观念日益强烈，中国工程师学会积极向政府谏言献策，全力配合政府开展各种工程统计和计划工作，积极参与抗战，这体现了中国工程师团体的爱国情怀。

1941年，中国工程师学会第十届贵阳年会将《中国工程师学会信守规条》更名为《中国工程师信条》，增加了工程师对国家、民族的责任等内容，具体如下。

① 遵从国家之国防经济建设政策。

② 认识国家民族之利益高于一切。

③ 促进国家工业化，力谋主要物质之自给。

④ 推行工业标准化，配合国防民生之需求。

⑤ 不慕虚名，不为物诱，维持职业尊严，遵守服务道德。

⑥ 实事求是，精益求精，努力独立创造，注重集体成就。

⑦ 勇于任事，忠于职守，更需有互助亲爱精诚之合作精神。

⑧ 严以律己，恕以待人，并养成整洁朴素迅速确实之生活习惯。

《中国工程师信条》从第一条到第八条依次论及国家民族、工业、职业、集体、个人生活习惯等，不仅阐明工程师从大到小的责任，也体现工程师从改造自己到报效国家，逐步实现个人人生价值的深远意义。这合乎中国工程师"修齐治平"的精神理念，反映了当时中国工程师强烈的国家兴亡、匹夫有责的爱国情怀和救国抱负，希望通过中国工程事业的发展推动抗战的胜利。

3. 完善期——关注公众和环境的利益

抗日战争胜利后，国内的工程技术人员一部分迁往中国台湾，一部分则留在中国大陆，成为新中国建设的中坚力量。自新中国成立后，中国的工程伦理思想呈现出了"又红又专"的特点，强调工程师为国家、集体服务的集体主义道德原则。例如，我国著名机械学家和机械工程教育家、中国科学史事业的开拓者——中国科学院院士刘仙洲先生，对从事工程相关的人员提出具有鲜明时代特征的4条工作作风，即对待革命坚定勇敢，对待科学实事求是，对待同事团结活泼，对待工作谨慎谦虚。中国著名桥梁专家、中国科学院院士茅以升先生提出工程技术最终是服务于广大人民群众的，他常常教导学生，如果工程人员在工作中违背道德，其事业发展必然会遭遇阻碍或破坏，整个国家和广大人民甚至也会受到危害。这也从侧面体现出工程人员提升思想道德水平、伦理修养的重要性。

改革开放后，中国土木工程学会、中国水利工程学会、中国化工学会、中国计算机学会、中国机械工程学会等工程职业社团相继活跃起来，制定中国工程伦理规范被提上日程。中国建设工程造价管理协会、中国勘察设计协会等工程职业社团相继制定了成文的工程伦理规范，如《造价工程师职业道德行为准则》（2002年6月18日）、《工程勘察与岩土工程行业从业人员职业道德准则》（2014年1月20日）、《机械工程师职业道德规范（试行）》（2003年11月）、《建设监理人员职业道德行为准则（试行）》（2015年1月23日），以引导本领域工程师的职业行为。

2004年，中国工程院在苏州市召开的第8届中日韩（东亚）工程院圆桌会议上与日本、韩国工程院达成了共识，联合发出"关于工程道德的倡议"，建议亚洲工程界对自己的成员进行指导，呼吁工程师做到"在做出工程决定时，要承担保证社会安全、健康和福祉的责任，并且要为实现可持续发展做出应有的努力"。

在进入工程大国时代的中国，工程师的社会责任不断更新。在国家提出"资源节约型、环境友好型社会""全面建设和谐社会""科技向善""创新、协调、绿色、开放、共享的新发展理念"的背景下，国家及民族利益被置于首位，新时代中国工程伦理规范被赋予新的内涵。

尽管中国的工程伦理规范发展与发达国家相比还存在一定的差距，但国内工程人员不忘初心，积极加强工程职业社团建设，推进工程伦理规范制定与完善，规范工程师行为，强调"把工程做好"和"做好的工程"，开展工程伦理教育，培养工程师的工程伦理价值观，促使工程师在工程实践中充分运用自己的职业知识、职业素养做出工程判断，不负社会所托。

6.3

工程师伦理责任的原则和具体表现

6.3.1 工程师伦理责任的原则

工程师伦理责任的原则是现代社会对工程师的伦理要求，是每名工程师在工程实践中行事的道德底线。工程师只有遵循这些原则，才能肩负相应的伦理责任。

1. 安全可靠原则

工程安全是对工程实践首要的、基本的要求。把公众的安全、健康和福祉放在首位，意味着工程活动和工程产品的安全性是工程师首先应确保的。我国工程师执业伦理规定明确指出，保证工程质量、维护工程安全是工程师的义务和责任。因此，工程师在工程活动的各个环节中应秉持"安全第一"的观念。例如，在工程的设计环节中，工程师应以认真严谨的态度对待生命健康，确保技术的可靠性和安全性，周全地考虑到每位工程实践者的保护措施，预见工程结果所产生的不利影响并履行告知责任，积极降低工程风险，保证工程的正面效益；在工程实施环节中，工程主体严格按照安全施工的要求进行施工，在保证自身安全的同时保障工程安全。

2. 以人为本原则

自工业革命以来，在倡导技术理性至上思潮的影响下，工程活动和工程产品仅追求功能、质量和规模的改善，而忽视人的精神和道德的进步。以人为本原则是工程师处理工程活动中的伦理关系时遵循的基本伦理原则，要求工程师在进行工程设计和产品制造时，体现对人民群众的生命权的尊重、对社会成员的关爱，以及对人类利益的关心，从而使工程技术和产品与人能和谐共处，满足人的生理、心理需求及个性化需要。

3. 公正原则

公正原则是现代民主社会对工程师道德行为的一种客观诉求。工程师具备工程技术知识，对工程的整体评价具有发言权，缺乏工程技术知识的社会公众对工程师所具备的这种权威寄予厚望，因此工程师应在工程评价中保持客观和公正，维护大多数人的利益。同时，工程师可以向社会公众传播工程技术和工程知识，让社会公众了解工程的情况，并做出合理的判断。

4. 节约原则

工程师在根据工程的功能、质量、寿命、成本等基本属性进行设计和制造时，应考虑资源的再生利用及工程对环境的负面影响，设法节约资源和减少能源的浪费，把节约资源、提高资源利用率作为自己道德为善的衡量标准。

6.3.2 工程师伦理责任的具体表现

工程师伦理责任可分为工程师的职业伦理责任、工程师的社会伦理责任和工程师的环境伦理责任。

1. 工程师的职业伦理责任

工程师的职业伦理责任是指工程师在从事工程活动时应具备的基本道德品质和职业精神。工程师在进行工程活动时有义务遵循工程伦理规范。工程伦理规范明确规定了工程师作为职业人员，必须忠于自己的职业，遵守本职业特定的伦理原则，坚持本专业业已确定的标准，并以此指导技术的应用。

工程师的职业伦理责任首先表现为对工程产品的严格责任。工程的日益复杂化及工程产品的日益普及化，对工程师设计、制造的工程产品的安全性能与环保效能提出更高的要求。对工程产品质量和安全的保证很大程度上依赖于工程师诚实、公正、讲信用等良好的品德，这促使工程师不仅要避免设计失误、施工疏忽等过失，还要尽到应尽的义务，尽可能考虑工程产品到达最终用户手中可能出现的各种情况，并尽最大努力消除可能存在的隐患。

工程师的职业伦理责任还表现为在工程活动中要保持诚信。在工程技术研究中，工程师不能编造、伪造、篡改实验数据，不能剽窃和抄袭他人的成果，不能侵犯他人的知识产权，等等。

从产品设计、生产、制造、制成、使用一直到产品报废的整个过程都蕴含道德问题和伦理问题，各个环节都涉及工程师的职业伦理责任。马丁等学者在《工程伦理学》中全面归纳了工程活动各环节中工程师的职业伦理责任，如表6.3所示。

表6.3　工程活动各环节中工程师的职业伦理责任

工程活动环节	工程师面临的典型职业伦理责任问题
概念设计	产品有用吗？是不是非法的？有没有潜在的危害？
市场研究	市场研究是客观、无偏见的，还是为了吸引投资者而做的？
确定产品规格	符合已颁布的标准和准则吗？有没有现实可行性？
签合同	能满足费用和工期的要求吗？是否存在低价中标再通过谈判抬高价格的情况？
分析	是否由有经验的工程师对计算机程序显示的结果进行可靠性分析？
设计	是否开发了备用方案？是否提供安全出口？强调对用户友好吗？是否侵犯专利权？
购买	在现场是否对收到的材料或部件进行质量检验？
部件制造	工作场合是否安全？有无噪声和毒烟？时间上能否保证采用高质量的工艺？
组装与建造	工人熟悉产品的目的和基本性能吗？产品的安全性由谁监管？
产品最终测试	检验者是否能够独立测试制造或建造的事物？
产品的销售	是否存在贿赂？广告是否真实？是否向客户提供有益的建议？是否需要让客户知情同意？
安装与运行	用户接受培训了吗？安全出口检验了吗？邻居对可能的毒物排放了解吗？
产品的使用	能保护用户免于受伤吗？用户被告知可能存在的风险了吗？
维修和修理	维护工作是由称职人员定期进行的吗？制造方是否留有备件？
产品回收	是否接受对使用过程进行监视的委托？有回收产品的必要吗？
拆解	在产品的生命周期结束时，如何对有价值的材料进行回收再利用和对有毒废物进行处理？

2. 工程师的社会伦理责任

工程师在工程活动中，会与雇主、管理者、同行、工人、客户等产生各种交往，彼此间会形成错综复杂的利益关系。因此，根据交往对象的不同，工程师会承担不同的社会伦理责任。

（1）对雇主的伦理责任

工程师的职业特点决定了当工程师在接受企业的薪资时，其就已经接受或认可了要忠诚于雇主的伦理责任。所谓忠诚，是指对国家、人民、事业、上级、朋友等真心实意、尽心尽力。忠诚是维系社会关系的有力纽带，代表着诚实、守信及服从，是对生活在组织、集体、社会之中的人的必不可少的义务要求。

作为雇员，工程师有对企业忠诚的义务，工程师应该竭尽自己的才能和智慧，真诚为雇主提供最佳服务，维系双方互信互利的关系。例如，美国国家专业工程师协会的伦理章程就明确指出：未经现在或先前的客户、雇主或他们服务过的公共部门的同意，工程师不应泄露任何涉及他们的商业事务或技术工艺的秘密信息。

工程师对雇主的忠诚，在不同阶段有不同的表现方式。例如，在工程决策阶段，由于雇主与工程师考虑问题的出发点不同，雇主关注的是企业的成本与经济效益，工程师则倾向于维护工程的安全和质量标准，故两者收集信息的侧重点存在差异。在这种情况下，工程师应向雇主实事求是地摆出与工程相关的所有事实，在雇主做出与自己职责相关的决策时，尽职尽责地提出自己的意见或建议，而不是单纯考虑雇主的喜好或选择执行上司的命令。也就是说，工程师应基于对雇主的忠诚，保障企业的长远利益，按照职业标准，尽最大努力保障工程的安全。在工程实施阶段，工程师应当无条件执行雇主的决策，而不是自以为是、自作主张。良好的执行可以弥补决策过程中的不完美，一个完美的决策也可能因为蹩脚的执行而变得非常糟糕。雇主的决策一旦做出，工程师应当按照雇主的指示行事。在这个阶段，工程师应坚定不移、尽心尽力地执行决策。

（2）对管理者的伦理责任

工程师与管理者都是以自己的专业知识服务于雇主的，也都在追求企业利益的同时，实现个人价值，二者在总体目标上是一致的。但在现实的工程活动中，由于分工的不同，双方的价值观和立场存在差异。管理者是企业聘请的进行企业经营管理的人员，他拥有相应的管理权力，其职责就是为企业创造最大的利润。但如果管理者片面追求利润最大化，很难对伦理道德给予足够的重视。例如，产品存在缺陷会造成潜在的安全隐患，管理者往往从企业的利益出发，认为潜在的安全隐患不会转化为现实的危险，要求继续生产该产品，在这种情况下，工程师面临能否为了伦理道德，冒着被解雇的风险向雇主或相关部门，甚至是社会公众反映的问题。

（3）对同行的伦理责任

随着工程涉及的技术越来越多，一项工程的顺利实施单靠一个工程师的力量是无法做到的，离不开不同专业的工程师共同协作。共同参与、互相合作、协同分工成为工程师的主要职责。因此，工程师对同行的伦理责任表现在如何处理合作与竞争之间的关系，工程师们既要具备团队合作精神，与同行精诚合作、和谐共处，又要公平竞争，自觉抵制贬低对手、暗箱操作等不道德的行为。

（4）对工人的伦理责任

在工程的实施中，工人的主要任务是按照工程师设计的方案开展生产制造活动。由于工程师设计的方案不可能尽善尽美，工人在按照方案进行生产制造的过程中常常会发现方案的不足之处，并且向工程师提出自己改进后的方案，这时，工程师需要考虑应为了自己的自尊而拒绝工人的建议，还是积极与工人沟通，谦虚接受工人的建议。

（5）对客户的伦理责任

工程师对客户的伦理责任主要通过产品责任体现出来，即工程师不但要为客户提供安全可靠的产品，还要通过人性化的设计实现客户操作的方便舒适。

将公众的安全、健康和福祉放在首位是工程师应承担的首要责任，它能引导工程师做出正确的伦理决策，这既是公众的期望，也是工程师的使命。面对雇主不道德的行为，工程师往往会陷入忠诚与背叛的困境。这种困境中既有雇主利益与公众利益的冲突，也有工程师利益与雇主利益的冲突。当雇主利益与公众利益发生冲突时，工程师如果为了维护公众利益而披露问题，从而阻止工程项目的继续实施，就可能受到雇主、同事的指责；而工程师在面对可能危害公众或其他不知情的人的利益时若知情不报，工程项目得以顺利实施，雇主也得到其想要的利益，工程师可能得到经济报酬、上司的提拔，但也违背了对社会忠诚的责任。

因此，当工程主体之间的利益发生冲突、价值观不一的时候，工程师要以公众利益为主，要敢于举报工程实践中一切威胁公众利益和危害社会的行为，这是工程师的职业权利。马丁和辛津格认为：举报不是改善组织最好的方法，仅仅是一种最后的诉求。所谓举报，是组织的雇员或曾经的雇员以不被组织认可的方式，向处于某一职位并能够对组织的行为采取一定行动的人或组织告知有关组织或雇主的不道德或违法的信息，从而使组织或雇主的不道德或违法的活动被制止的行为。

工程师在采取举报行动之前，应当谨慎判断。工程师行使举报权利时应满足以下3个条件。

（1）确认工程会对公众造成严重的危害。

（2）工程师已经向上级报告了相关的担忧。

（3）虽然通过正常渠道与直接上司交换过意见，但没有得到满意答复。

📖 案例

2010年度中国正义人物钟吉章

2010年8月30日，广州地铁3号线北延段即将投入运营。就在此时，高级工程师钟吉章顶着各方压力，在自己的博客里发表了一篇文章，该文章引发强烈"地震"，钟吉章也因自己的正义之举被网友称赞。

该文章曝光了广州地铁3号线北延段嘉禾望岗站—龙归站的联络通道，因施工方制造虚假混凝土抗压强度报告，使相关部门在不明真相的情况下通过验收。这或将导致该段线路坍塌，甚至可能堵塞地下水通道，使地铁隧道瘫痪。事发后，广州地下铁道总公司介入调查此事，组织专家前往该地段再行检测，发现确实不合格，要求设计方拿出方案进行补救。

钟吉章的正义之举换来了公众的利益与安全，他于2010年入选年度中国正义人物。

3. 工程师的环境伦理责任

工程师的职业活动与其他职业活动最大的不同在于对自然环境的影响更直接、更强烈，其他职业者，如律师、教师、医生等主要与人打交道，工程师则主要利用自然环境提供的资源进行工程产品的设计和制造。因此，工程师成为环境伦理原则的遵循者之一，是维护生态平衡及维持可持续发展的有生力量。工程师应将自然纳入伦理关怀的范畴，秉持可持续发展观，主动承担起节约资源、保护环境的责任，从而实现代内发展及代际发展的可持续性。

目前，国外的一些工程协会在制定工程伦理规范时，会把环境伦理规范纳入其中。世界工程组织联合会给出的工程师的环境伦理规范共有7条，具体如下。

第一条：尽你最大的能力、勇气、热情和奉献精神，取得出众的技术成就，从而增进人类的健康和提供舒适的环境，无论是在户外还是户内。

第二条：努力使用尽可能少的原材料和能源，并只产生最少的废物来达到你的工作目的。

第三条：要考虑你的方案和行动所产生的后果，不论是直接的或间接的、短期的或长期的，以及对人类健康、社会公平和当地价值系统产生的影响。

第四条：充分研究可能受到影响的环境，评价所有的生态系统（都市的和自然的）可能受到的静态的和动态的，甚至审美上的影响，评价生态系统对相关社会经济系统的影响，并选出有利于保护环境和可持续发展的最佳方案。

第五条：增进对恢复环境的行动的透彻理解，如有可能，改善可能受到干扰的环境，并将它写入你的方案之中。

第六条：拒绝任何牵涉不公平地破坏居住环境和自然的委托，并通过协商取得最佳的解决方案。

第七条：工程师们需要意识到，生态系统的相互依赖性、物种多样性的保持、资源的恢复形成持续生存的基础。这个基础的各个部分都有它可持续性的阈值，这个阈值一般是不能超过的。

这7条工程师要遵循的环境伦理规范，要求工程师智慧地处理工程实践中所遇到的问题，在考虑技术方面的可行性的同时，更多地考虑环境方面的可行性，并重点考虑可持续性。

6.4

工程师的伦理冲突

工程伦理规范为工程师提供了工程活动中的普遍行为准则，但是，工程师还面临具体实践情境之下的各种冲突。

6.4.1 角色冲突

工程师在社会生活中扮演着多种角色，而不同的角色承担着不同的责任。例如：作为一名工程师，要在规定的工作范围内做好自己的本职工作，承担产品的安全责任；作为企业的雇员，要接受上级的指示并完成上级下达的任务；作为工程师组织的成员，应遵守组织的规章制度，自觉履行组织规定的义务和责任；作为国家公民，应把社会公众的安全、健康和福祉放在首位，在履行和承担责任时要以道德向上的标准约束自己的行为；作为家庭成员，要承担赡养父母、抚养儿女的家庭责任；等等。这些不同角色的义务和责任发生冲突就会导致工程师面临艰难的行为选择。

工程师作为职业者和企业的雇员，既要对职业负责，也要忠于雇主。当二者产生冲突的时候，工程师则面临着忠于职业还是忠于雇主的选择。一方面，工程师作为企业的雇员，应该对雇主忠诚，尽职尽责地帮助企业获取利益；另一方面，当雇主以损害公众利益为代价获取利益时，工程师的职业伦理规范要求他们将公众的安全、健康和福祉放在首位，这时候工程师则会陷入角色冲突。这是因为工程师的职业伦理规范没有充分考虑生活的复杂性，只是从规范的层面告知工程师在一般情境之下应该如何行动，却并不能在具体的工程实践情境中为工程师做选择提供帮助。

为了应对角色冲突，一方面，工程师们需要不断建设和完善技术标准和职业标准；另一方面，工程师应回归工程实践，不墨守成规，不断提升道德素养，将规范、标准等内化于自己遵守的道德原则中，成为一个具有独立意志、善于思考和有情感的工程师。

6.4.2　利益冲突

工程活动中存在不同的利益群体，他们有着各自的利益诉求。当某种行为影响到不同群体的利益时，利益冲突就会产生。利益冲突是人类社会生活中普遍存在的一个社会现象。

1. 利益冲突产生的原因

（1）不同利益群体的价值目标不同

每个利益群体持有不同的价值目标，他们依据自身的价值目标并试图通过对风险的界定来保护自己的利益免受损失。工程师通常以功利主义的态度来判断工程风险是可接受的风险还是不可接受的风险。政府管理者认为，工程风险若威胁到公众的整体利益便是不可接受的风险。公众只想保护自己免受风险的威胁。其他工程参与人员，如工程承包商，更倾向于重视盈利风险。

（2）成本与效益之间的矛盾

工程活动往往是一种经济活动，通常以产量、产值、效益等经济指标进行衡量，其成功的标准是最大限度地获取了经济效益。成本控制是实现经济效益的重要基础，在控制成本与追求经济效益之间不可避免地存在平衡问题，从而导致不同的利益群体对这一问题有不同的看法。

（3）工程中的不公平、不公正

公平公正是伦理道德强调的一种行为规范和评价标准，但是由于资源的有限性，必然存在在不同的工程共同体之间如何公平公正地分配有限的资源的问题。如果资源分配不公，必然导致利益冲突。

2. 利益冲突类型

工程活动涉及社会生活的各个方面，当工程活动中的"利己原则"与伦理道德中的"利他原则"产生激烈冲突时，工程师便会面临"利"与"义"的两难抉择。

利益冲突既包括工程师与雇主之间的冲突，也包括工程师与公众之间的冲突。

（1）工程师与雇主之间的冲突

工程师受雇于企业，有责任以自己的职业技能做出准确和可靠的职业判断，并且代表着雇主的利益。但是，当雇主提出的要求违背工程师的职业伦理或者可能危害公众的安全、健康和福祉时，工程师便会面临是坚持己见，与雇主进行抗争，还是屈服于雇主的要求，而不顾及公众的利益的困境。同时，工程师作为一名普通人，有追求自身利益最大化的倾向，当存在个人利益的影响时，工程师就容易产生偏见，从而做出不利于企业利益的判断。

（2）工程师与公众之间的冲突

工程师既是企业的一员，也是公众的一员。工程师既要考虑企业的利益，也要为公众的健康、安全和福祉负责。一方面，当工程师面临公众利益与个人利益的选择时，利益冲突发生；另一方面，当企业的利益与公众的利益发生冲突，雇主提出的要求影响到了工程师的职业判断，进而使得公众的健康、安全与福祉受到损害时，就会发生工程师与公众之间的利益冲突。

当利益冲突发生时，工程师为了保持雇主与公众对自己的信任，保持自身职业判断的客观性，在具体工程实践情境中可通过拒绝、放弃、离职、不参与其中、披露等方式回避利益冲突。拒绝、放弃、离职、不参与其中都是以损失个人利益为代价来回避利益冲突的方式。披露能够给那些依赖于工程师的当事方以知情同意的机会，以便他们做出利益调整。

6.5
本章小结

在现代工程活动中，工程师是工程实践的主体，在工程技术研发、决策、实施和管理过程中扮演着重要的角色。工程的技术复杂性和社会关联性要求工程师不仅具有深厚的专业知识和较强的专业技能，创造性地解决技术难题，而且要求工程师在职业道德、工程伦理规范的约束下，处理好与工程活动相关联的各种社会关系，承担各种社会责任和环境责任，促进社会和环境的可持续发展。

6.6
本章习题

1. 阅读"'中国芯片之母'黄令仪"案例，回答以下问题。

（1）工程师应具有哪些职业美德？

（2）如何在创新中实现自己的人生价值？

"中国芯片之母"黄令仪

芯片技术是国家的"工业心脏"。在1989年的一次国际芯片展上，一名外国人嘲讽道："中国根本没能力造芯片，哪怕造出来也要落后世界至少20年。"当时，一位53岁的中国老人听到了这句话，更加坚定了为祖国造芯片的决心，她就是被称为"中国芯片之母"的黄令仪。

黄令仪出生于1936年，为我国的芯片事业奉献了一生。她曾领队研发出了中国第一台微型计算机——"156组件计算机"，梦想着能有机会造出中国自己的芯片。黄令仪不坠报国之志，66岁时放弃退休，重回一线，受邀进入胡伟武所领导的"龙芯课题组"，与胡伟武相继带队成功研制出"龙芯"系列芯片。如今，龙芯3号已广泛应用于高铁动车、导航卫星等领域，帮助国家摆脱了对欧美发达国家的技术依赖，累计节省经费上万亿元。年过八旬的她虽病痛缠身仍不忘初心，坚持奋斗在一线，为国磨剑。2020年1月，黄令仪获得中国计算机学会夏培肃奖。

2．阅读"'挑战者'号航天飞机"案例，回答以下问题。

（1）一名合格的工程师应当以何种态度看待工程中出现的漏洞？

（2）当公司总裁曼森要求工程副总裁伦德放下工程师的姿态，拿出经营管理者的气概时，伦德应该坚持不发射主张吗？

（3）结合案例，辨析工程师的"职业伦理"和"个人伦理"的异同。

"挑战者"号航天飞机

当地时间1986年1月28日，美国"挑战者"号航天飞机在发射升空73秒后发生爆炸，机上7名宇航员全部遇难。这次事故发生的原因是航天飞机右侧固态火箭推进器（见图6.4）的O形密封圈失效，原本应该是密封的固态火箭推进器内的高压高热气体泄漏。高压高热气体影响了毗邻的外储箱，使其在高温的作用下结构失效，右侧固态火箭推进器尾部脱落分离。这次灾难性事故导致美国的航天飞机飞行计划被冻结了长达32个月之久。

发射前一天，发射场的温度骤降到零下4摄氏度，承包商莫顿·塞奥科公司的设计O形密封圈的设计工程师鲍伊斯·杰利和他的同事们认为温度太低，而O形密封圈在低温下会老化并失去弹性，从而引发燃料外漏，因此他们建议取消发射。但由于沟通有限，他们未能充分地将技术隐患报告给上级。

美国国家航空航天局管理层咨询莫顿·塞奥科公司的管理团队，莫顿·塞奥科公司的总裁曼森要求工程副总裁伦德放下工程师的姿态，拿出经营管理者的气概，于是伦德改变本来不同意发射的意见，同意发射。美国国家航空航天局最终做出发射"挑战者"号航天飞机的决定。

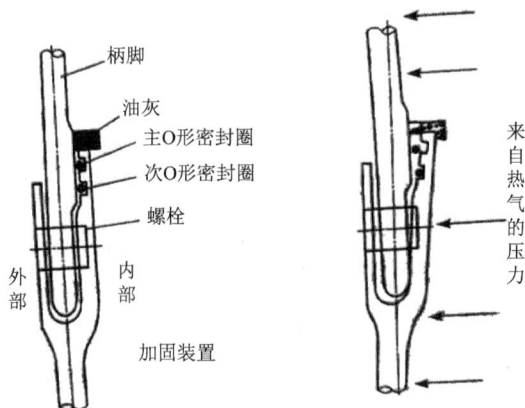

图6.4　航天飞机固态火箭推进器示意图

3. 小杰原计划在6月完成化学工程学业，并打算毕业后回家帮助其父母经营家庭农场。但在他毕业前夕，他父亲病重住院，需要很大一笔医疗费。在收支平衡的情况下，小杰的母亲和哥哥可以继续经营农场。但是，如果没有额外的收入，用不了多久他们家就不能偿还农场的抵押贷款。小杰不得不改变计划，寻找一份工程师的工作，以减轻家庭的负担。经过仔细搜寻之后，小杰仅获得了一个工作机会，某杀虫剂公司招聘具有化学工程相关知识、从事杀虫剂研发的工作人员。请分析：小杰面临哪些伦理冲突？他该如何选择？

4. 阅读"工程师之戒"案例，回答以下问题。

（1）工程师之戒的制作材料是否取自当年建造魁北克大桥时的钢梁残骸？

（2）工程师之戒给予我们怎样的启示？

工程师之戒

工程师之戒被誉为"世界上最昂贵的戒指"，是出类拔萃的工程师的杰出身份和崇高地位的象征，这枚戒指还与加拿大的魁北克大桥悲剧有关。工程师之戒与魁北克大桥如图6.5所示。

图6.5 工程师之戒与魁北克大桥

圣劳伦斯河是魁北克最重要的河流，也是魁北克最重要的交通线。随着城市的发展，魁北克急需一座横跨该河的交通桥。但圣劳伦斯河水流湍急，建桥的难度大。

魁北克大桥始建于1900年（无特殊说明，下文时间均为当地时间），魁北克桥梁公司聘请当时著名的桥梁建筑师西奥多·库珀建造魁北克大桥。库珀为了减少水中建造桥墩的不确定性和冬季冰塞的影响，将原本设计方案中桥的主跨净距由487.7米增加到548.6米。1907年，施工人员发现该桥弦杆变形，弦杆上已打好的铆钉不再重合，受压较大的杆件出现弯曲，并且这种弯曲呈加剧的态势。但库珀并没有意识到问题的严重性。8月27日，施工人员因桥梁结构变形越来越严重而不得不暂停施工，这时库珀才感知到问题的严重性，但为时已晚。8月29日下午5点32分，桥梁发生垮塌，造成75人丧生，11人受伤。事故调查结果显示，这起悲剧的发生源于工程师在设计中低估了结构恒载，即部分构件实际受到的应力超过设计时的估计值，从而导致悬臂根部的下弦杆失效，杆件存在设计缺陷。

1913年，魁北克大桥重新开始设计、建造，新桥的主要受压构件的横截面积比原设计增加一倍以上，然而悲剧再一次上演。1916年9月，新桥由于某个支撑点的材料指标不到位而发生断裂，造成13名工人死亡。1917年，在经历了两次惨痛的悲剧后，魁北克大桥再次进行修建，并终于建成通车。最终建成的魁北克大桥为铆接钢桁架结构，全长987米，宽29米，高104米，悬臂长177米，成为当时世界上最长的悬臂跨度大桥。

两次工程灾难将工程师的责任问题提到前所未有的高度，对工程师教育提出更高的要求。1922年，加拿大七大工程学院出资将魁北克大桥两次倒塌过程中的所有残骸一并买下，决定把这些钢条打造成一枚枚戒指，并通过举行一个独特而又神圣的毕业仪式——吉卜林仪式（或称作铁戒指仪式）将戒指发给工程学院的毕业生。但由于当时加工技术的限制，这些钢条并没能被打造成戒指，打造戒指所用的是新的钢材。这些戒指被设计成扭曲的钢条形状，好似魁北克大桥坍塌后的残骸，这就是闻名于工程界的工程师之戒。

工程师之戒佩戴在用于绘图或者计算的优势手的小指上，不仅给予工程师骄傲和荣耀，也赋予他们责任和义务，使他们保持对工程的敬畏和谦逊。这枚戒指起到一种警示、告诫作用，时刻提醒工程师要铭记工程师誓词及工程师之于社会公众的责任。

第7章

工程共同体的伦理责任

　　随着工程规模不断扩大，技术的复杂性不断上升，单靠个体是无法实现工程目的的。因此，工程主体由单一的工程师构成扩展到由各类异质成员构成的工程共同体，并在工程活动中发挥着越来越重要的作用。本章首先介绍工程共同体的内涵，然后介绍工程共同体的博弈和伦理困境，最后阐述工程共同体责任协同。

　　本章学习目标

　　（1）理解和掌握工程共同体的定义、组成和特征。

　　（2）了解中国工程共同体伦理实践的历史演进。

　　（3）理解工程共同体的博弈和伦理困境。

　　（4）了解工程共同体责任协同。

大柱山隧道修建

大瑞铁路东起大理站，西至中缅边境城市瑞丽，全长约330千米，是中缅国际铁路通道的重要组成部分。大柱山隧道是大瑞铁路的核心组成部分，全长约14.5千米，穿越复杂险峻的青藏高原横断山脉，于2008年开工，历时13年，于2020年4月28日全隧贯通，如图7.1所示。

图7.1　大柱山隧道

大柱山隧道是大瑞铁路全线风险最高的隧道，施工环境恶劣，隧道穿过近6条断裂带，工期从最初的5.5年一度调整为8年，而后又再度调整为13年，该隧道被认为是"最难掘进的隧道"。建设团队犹如在豆腐渣里打洞，承受"水深火热"的考验。

由于大柱山隧道的水文地质条件复杂，隧道施工只能从进出口掘进，无竖井、斜井等辅助施工条件，多工作面施工在长距离通风、运输、供水、供电等方面存在较大的干扰和难度，对施工协调管理能力要求极高。

建设团队在修建过程中面临的最大的挑战是，大柱山隧道要经过岩溶发育地段和褶皱构造区域，其中燕子窝断层和水寨断层给建设团队造成了巨大的安全威胁。例如，在进行钻孔作业时，这条断层带上会出现裂口，大量的泥浆和上万立方米的水会在很短的时间内涌出，而且这个问题根本无法用传统的灌注凝固液填满缝隙的方式解决，只能采用高压动水分段引排和超高压聚合注浆的加固方法。因此，全长约156米的燕子窝断层隧道用了近两年的时间才挖通。

在大柱山隧道挖掘的过程中，建设团队不可避免地挖到累积应力较大的岩石或者断层，这导致岩爆现象频繁发生。为了确保施工人员不会被四处飞溅的岩石碎片伤害，建设团队为施工人员配置了防弹衣和钢盔，并在隧道的挖掘面上架设了支撑钢架和拦截网。隧道内部的高温和高湿环境（湿度达85%以上）给施工人员带来了极大的不便，此时的防弹衣和钢盔成了施工人员的"体力杀手"。为此，建设团队定期购置制冷机或冰块，尽量减少恶劣环境给施工人员带来的各种负面影响。

为了解决隧道修建过程中的渗水问题，建设团队建立了7个抽水站，部署了56台抽水泵持续不断地抽水，整个施工过程中用坏了上百台抽水泵，抽水站在隧道边沿的排水口更是形成了一条流淌多年的瀑布，直到大柱山隧道修建完成，这条瀑布才完成了自己的使命，消失在了群山当中。

大瑞铁路建成后，将进一步凸显西南地区的外部纽带作用，重塑古代南方丝绸之路的辉煌，促进沿线地区经济的发展，推动我国与东南亚、南亚国家（地区）的交流与合作。

思考

工程共同体作为工程活动的主体，如何才能做到各尽其责，携手推进工程项目，以满足人们的物质和文化生活需要？

7.1 工程共同体概述

7.1.1 工程共同体的定义及组成

1. 工程共同体的定义

工程共同体是指为完成某一特定目标，在特定的时间内组合在一起，通过分工协作完成工程活动的主体。

工程共同体从事工程活动有利于满足人类生存与生活的现实需要，调和人民日益增长的美好生活需要和不平衡不充分的发展之间的矛盾。工程共同体集聚内部各个成员的力量，具有超越个体的合力和优势，能以"整个的个体"形式进行复杂的工程活动。虽然工程共同体内部各成员在工程活动中代表不同的利益群体，扮演不同的角色，但是工程共同体会从集体利益出发，强调内部相互协作，不仅能成就个体，也能成就集体。

不同的工程共同体表现多样的工程文化，突显不同的工程精神，甚至民族精神。例如，中国载人航天工程就突显出"特别能吃苦、特别能战斗、特别能攻关、特别能奉献"的载人航天精神，载人航天精神则成为整个中华民族宝贵的精神财富。

2. 工程共同体的组成

工程共同体中的不同成员在工程活动中扮演不同的角色，发挥各自的作用。

（1）工程投资者

任何工程活动都离不开资金支持，资金是工程活动得以进行的物质基础。作为工程项目的发起者及人格化资金的化身，工程投资者是工程共同体不可或缺的组成部分。工程投资者的主要目的是尽可能实现资金的保值与增值。因此，工程投资者在工程决策中占主导地位，决定着一项工程活动的规模与水平。

（2）工程师

工程师作为工程共同体的基本组成部分之一，在整个工程活动中发挥着至关重要的作用。一方面，在进行工程决策时，工程师需要协助工程投资者权衡利弊，促使决策最优化。另一方面，工程师作为工程活动的设计者，将自身的精神与理念贯穿整个工程活动，运用所学的知识和技能不断为人类社会创造物质财富与精神财富。

（3）工程管理者

工程管理者是在工程共同体内部处于不同层次、拥有不同职能的领导者及负责人的总称。在工程活动中，工程管理者为保证工程目标的达成，需要统筹安排人力、物力和财力，协调各部门、各利益群体之间的关系，解决工程活动中的各种矛盾，保证工程活动的有序开展。

（4）工人

在工程活动中，工人是实践操作环节的执行者。工人通过实践将工程活动的计划与方案变成现实的人工物。工人的实践活动决定了工程活动的完成情况与工程质量。

（5）政府及有关职能部门

政府及有关职能部门在工程活动中承担着专业化、规范化的监督者角色。工程活动的每一个重要环节，例如工程规划立项、运行评估、投资建设等都应当在政府及有关职能部门的监督下合法、有序地进行。

（6）社会公众

社会公众是工程活动最重要的利益相关者，承受着工程所产生的影响。工程结果的使用过程不仅体现工程的价值，也是对工程决策、设计与建造的科学合理的检验。因此，社会公众是工程共同体中的全面性监督者。2004年世界工程师大会提出让社会公众拥有对工程活动的知情权，即社会公众通过健全有效的信息公开与监督机制获取工程信息、参与工程活动决策和监督、提出合理意见，从而促进工程活动合理有序推进。

（7）新闻媒体

新闻媒体是工程共同体中的引导性监督者。新闻媒体以报道、评论等方式帮助社会公众了解工程，对工程活动进行监督。

7.1.2　工程共同体的特征

工程活动的复杂性决定了工程共同体具有以下特征。

1. 主体多元性

工程活动涉及的专业知识和技能范围广、种类多，这就决定工程共同体需要不同职业、不同层次、不同种类的成员，进而形成工程共同体的内在伦理秩序。如果把工程共同体比喻成一支军队，工人就是士兵，各级工程管理者相当于各级司令员，工程师是各级参谋，工程投资者则相当于后勤部部长。从功能和作用上看，如果把工程共同体比喻成一辆坦克，工程投资者相当于油箱和燃料，工程管理者相当于方向盘，工程师相当于发动机，工人相当于火炮，其中每个部分对于整辆坦克来说都是不可缺少的。

2. 成员流动性

工程共同体是因同一工程目标而聚集的集合体。工程共同体在从事工程活动的过程中，需要不断引入各类新成员以满足实践需要，同时原有成员可能被调离或退出。随着工程环节的变化，工程共同体内部成员的角色、地位和作用也会发生转变。

3. 活动有序性

工程共同体内部成员具有同一工程目标，在统一的指挥下相互配合、各司其职，确保工程活动有序进行。

4. 利益差异性

工程共同体虽然面对同一工程，其内部成员通过合作实现共同的目标，但他们所秉持的价值规范及利益诉求存在差异，这会不可避免地导致不同利益群体之间产生利益冲突，并且该利益冲突会贯穿整个工程活动。例如，政府及有关职能部门追求的是社会效益，工程投资者更多关注经济效益，工程师在工程的设计和实施中更关心工程的质量与安全。

7.1.3 中国工程共同体伦理实践的历史演进

随着社会的发展，工程共同体集体行动伦理实践呈现出由低级到高级、由简单到复杂的历史性跃迁。本书限于篇幅，仅介绍中国工程共同体伦理实践的历史演进，关于西方工程共同体伦理实践的历史演进请读者自行查阅相关资料。

在中国古代，以家庭为单位自给自足的自然经济孕育了"家国一体"的集体主义文化，进而形成了以伦理为核心的礼仪文化传统，强调宗法意识和重视人伦关系的文化格局，这保证了中国古代工程共同体集体行动的实施和完成。古代大型工程正是在这种文化格局的保障下得以顺利实施。

秦汉实行按户籍管理和征调工匠的"匠籍"制度，并成立了相应机构进行管理，工程技艺由家族或师徒传承，"工之子恒为工"的制度因此延续下来。唐朝出现了手工业行会组织，其针对本行业的产品质量和技术做出统一规定。明朝中期到清朝，各个行业都形成了自己的职业道德规范，有的甚至以文字的形式固定下来，形成了具有中国特色的工匠伦理。例如，遵行度程、世守家业的官匠制度伦理准则，以勤劳节俭、技术求精、以技致富、技术保密、爱国为民等为内容的民匠职业道德准则和工匠行会伦理准则。

我国古代建筑工程的建造彰显了我国古代工程共同体集体行动的伦理特征。例如，始建于隋朝的赵州桥不仅是我国古代工程的范例，也是工程共同体集体行动伦理实践的结晶。首先，赵州桥蕴含工程决策的伦理智慧。李春掌握当地的气候、水文、地貌、地质等自然地理特征，遵循"天人合一"理念进行可行性决策，协调好人、桥、水的伦理关系，让人能安全过桥，让桥为人服务。其次，在工程选址方面，注重人和自然伦理关系的和谐。李春通过对汶河及两岸地质等情况进行周密的实地考察，得知附近土地由河水冲积而成，故选择在两岸较为平直的地方建桥。在桥梁设计中，为了协调好人、桥、水的伦理关系，李春等匠师对桥的承重力、水的浮力等做好精确的估算，除选用弧形拱进行降坡减重外，还在大拱肩上挖了4个小拱，这不仅使桥的造型更加优美，而且有利于排泄洪水和减轻桥重。在桥梁建造过程中，造桥石料选择了距赵州桥30~60千米的元氏、赞皇、获鹿等县的质地优良的青白色石灰岩，这类石料可冻融多次而无裂纹。建桥采用纵向并列砌筑法，每道拱圈单独砌筑。在当时没有水泥的条件下，拱石之间全部用白灰或泥浆砌筑，以保证拱圈的抗压强度。桥台直接建在天然粗砂地基上，这使得桥台移动造成的拱圈内部应力增加不多，从而使赵州桥拱圈千年不坠。"奇巧固护，甲于天下。"为了保证工程质量，让赵州桥能够抵御风吹、日晒、雨淋和水流的冲刷侵蚀，工程的每一个环节都责任到人，形成责任追究的制度，让参与桥梁建造集体行动的所有个体都尽职尽责。

随着社会的发展和技术的进步，工程活动已经成为跨学科、跨行业，甚至是跨国的活动，工程共同体集体行动的领域不断扩大，工程共同体集体行动的组织化、建制化程度也不断提高。例如，第1章提及的"两弹一星"工程就是我国当代工程共同体集体行动伦理实践的典型范例之一。参与"两弹一星"工程的工程共同体展现了"热爱祖国、无私奉献，自力更生、艰苦奋斗，大力协同、勇于登攀"的"两弹一星"精神。我国当代工程共同体集体行动伦理实践成就的取得很大程度上得益于我国社会主义制度的优越性。中国工程共同体伦理实践的历史演进如表7.1所示。

表7.1　中国工程共同体伦理实践的历史演进

时间	工程共同体构成	工程共同体集体行动伦理实践的特征
古代到近代	官吏、工匠为主	强制性、被动性、经验性，以手工劳动和体力劳动为主，相对简单、封闭
近代以来	工程投资者、工程师、工程管理者、工人等	主动性、科技含量高、日益复杂、开放性

7.2

工程共同体的博弈和伦理困境

在工程共同体中，各利益主体都从利己角度出发，追求自身利益最大化，但这种利己是通过利他来实现的。工程共同体各利益群体为使自身利益最大化，在博弈中求生存，在博弈中求发展。

7.2.1　工程共同体的博弈

1. 工程决策中的博弈

工程决策是指通过工程立项、规划等活动使工程项目确定下来，是工程活动的最初环节。由于该环节对工程活动产生整体性和决定性的影响，直接关系到工程的成败，因此工程决策在整个工程活动中具有重要的地位和作用。

参与工程决策的博弈主体主要有政府及有关职能部门、工程投资者及社会公众。

① 政府及有关职能部门。政府及有关职能部门代表国家、社会的整体利益，着重关注工程是否给社会公众和环境带来最大利益，并尽量避免工程带来严重危害。

② 工程投资者。工程投资者在参与工程决策时，是将盈利作为开展工程活动的基本出发点的。工程活动所带来的生态环境、质量安全等问题不是工程投资者考量的首要因素。

③ 社会公众。社会公众作为生态环境、质量安全等问题的承受者，在以往的工程决策中，仅作为旁观者而被忽略。当前，社会公众的维权意识不断增强，他们通过各种渠道表达自己的利益诉求，而网络技术的发展加快了这一进程。

2. 工程设计中的博弈

工程设计不是单纯的个体活动，而是富有文化意蕴的集体行为活动。工程设计是科学精神与人文精神的有机结合，是价值理性调节工具理性的集中体现。

参与工程设计的博弈主体主要有设计者、管理者、生产者、初始企业、竞争对手等。

（1）设计者与管理者的博弈

设计者遵循以人为本的原则，强调产品的可用性，很少涉及管理因素。管理者从商业角度出发，更注重产品的经济效益、市场效益，倾向于通过采用保守的、陈旧的技术、材料、工艺等来降低成本，这会阻碍设计的创新。

（2）设计者与生产者的博弈

设计者在设计时通常很少关注生产的可行性。而生产者在生产设计者设计的产品时，要面对生产制造中的限制。这导致设计者和生产者会因产品设计产生分歧，很显然，不承担恶果并把责任尽可能推给对方以实现自己的利益，是双方的"最优解"。

（3）初始企业与竞争对手的博弈

初始企业与竞争对手具有不同的目标或利益诉求，这导致双方必须考虑对方可能采取的各种行动方案，从而选择对自己最为有利或最为合理的方案。例如，三星手机D508于2005年4月上市，很快市场上便出现了外观造型与其非常接近的不知名品牌手机。其中，参与博弈的主体就是初始企业（三星）和模仿企业（某不知名品牌企业）。

3. 工程实施中的博弈

工程实施是把自然物转化为人工物的过程。参与工程实施的博弈主体主要有施工方、社会公众、监理方等。

（1）施工方与社会公众之间的博弈

该博弈源于工程实施过程所涉及的社会公众利益问题。例如，建筑施工中产生的噪声扰民，导致施工方与社会公众的纠纷。

（2）监理方与施工方之间的博弈

该博弈源于施工过程中二者对施工质量、安全问题的分歧。监理方按照合同、凭借自己的专业技术和经验，对施工过程中出现的问题及时纠正和制止，保证工程质量，防止事故发生。而施工方为获得较高的经济效益，可能不合理地缩短工期、粗制滥造，甚至偷工减料，不惜贿赂监理方。有些监理方因此置自己的职责于不顾，徇私枉法，这为工程质量埋下隐患。

4. 工程评估中的博弈

工程评估是指对工程进行综合评价，评价因素包括技术因素、环境因素、经济因素和人文社会因素等。在工程评估中，评估的角度不同，评估的内容和结果也就不同。

（1）工程师与管理者之间的博弈

工程评估是检测工程质量的最后一个环节，工程质量的优劣关系着国家、集体的利益和公众的生命财产安全。工程评估主要由工程师完成。这一环节也凸显出工程师职业责任和伦理责任的冲突与对立，以及工程师对雇主、社会的双重"忠诚"。工程师对工程质量和安全特别关注，从自身职业伦理的角度出发可能会坚持按照质量标准进行评估，但也可能因忠诚于雇主而妥协。管理者最关心的是组织利益，可能要求工程师放宽评估标准，甚至因此贿赂工程师。

（2）工程代表方与社会公众之间的博弈

工程代表方与社会公众之间的博弈使工程活动更人性化、自然化。工程代表方通常会重点关注经济效益，关注近期效益。社会公众由于工程活动给其心理、生活带来一定程度的影响，从而会与工程代表方据理力争，维护自己的权益。

7.2.2 处理工程共同体冲突的纽带

工程共同体作为一个整体，其基本目的是实现社会价值，为社会生存和发展提供物质条件和基础。为了尽量减少或者消除冲突，处理、规范好内部及外部问题，工程共同体应从精神-目的、功利-良知、制度-交往、责任-义务4个方面维系关系。

1. 精神-目的纽带

任何工程活动都基于一定的社会发展需要，而工程共同体进行工程活动的方式影响着社会发展。工程共同体的伦理责任精神作为意识观念维度的伦理机制，以实现工程的"善"为最终目的，是工程共同体保持道德信念的动力。这种精神贯穿工程共同体的整个工程活动过程，实现对工程共同体的个体与组织、观念与意志、选择与实践的多重引导，确保工程活动的有序开展。

2. 功利-良知纽带

在工程活动中，工程共同体中的每个成员从利己角度出发，追求自身利益的最大化。然而，成员与工程共同体之间相互依存，即工程共同体利益的实现离不开每个成员的努力，工程共同体利益的实现能够为其成员个人利益的维护提供保障。

许多工程活动产生不良后果正是因为个体利益与整体利益之间存在矛盾，工程共同体成员无法做出科学的选择。因此，工程活动中关乎利益与代价之间的协调与取舍，皆应在工程共同体成员内在良知的指引下进行。良知是指导工程共同体成员进行行为选择时最基本的内在准则，指导成员寻求"利"与"义"之间的平衡。良知使工程共同体成员在言语和行动上实现统一，将社会整体利益作为伦理底线，避免盲目追求功利，从而实现个人与整体的共同发展。

3. 制度-交往纽带

制度是为人与人之间的关系与交往制定的约束机制。将制度引申到伦理领域，则形成伦理制度。工程共同体中的每个成员具有不同的教育背景和经验，具有不同的利益诉求，彼此处于一种合作与协调、矛盾与分歧不断变化的关系中。因此，在各成员受到其自身职业道德约束的同时，强调存在于工程共同体内部的伦理制度也尤为重要。

伦理制度使伦理道德意识以制度化的方式运作，从而形成工程共同体内部的分工合作、管理方式、岗位设置、行为习惯、交往关系、内部谈判等制度，这可以使工程共同体成员各负其责，相互信任，充分发挥每个成员的积极性和创造力，促进自律性和他律性的统一。

4. 责任-义务纽带

工程活动作为一种造物活动，不仅创造着客观实在，也影响着未来。工程共同体作为工程实践的主体须承担起应负的责任，将追求公众利益、人类发展及人与自然和谐发展作为重要任务。每一个工程共同体成员应当充分认识到自己对于工程共同体的责任与义务。

① 工程共同体内部有恪守职业伦理的义务。不同的工程共同体成员担任着不同的职务，应以实事求是、诚实守信为基础不断提升职业伦理意识。

② 扎实掌握相关工程技术专业知识。将理论与实践相结合，优化工程活动行为选择，以顺利推进工程项目。

③ 开展有意义的科普活动。工程共同体成员作为工程实践的重要参与者，帮助公众了解、认识、理解工程活动是其不可推卸的义务。工程共同体成员应广泛地传播工程领域相关知识，引导公众科学看待工程活动，推动社会发展。

7.2.3 工程共同体的伦理困境

工程共同体的伦理责任是工程共同体成员在工程活动中的价值指导与行为准则，贯穿工程决策、工程设计、工程实施、工程监管等各个环节。然而，在工程活动中，工程共同体也会遭遇伦理困境，究其根源，还是在于工程共同体道德选择与伦理意识淡漠、工程共同体道德规范与伦理制度缺失。

1. 重"利"轻"义"，忽视伦理约束

由于诸多伦理价值观念相互冲突，工程共同体往往忽略伦理约束，将经济利益作为工程活动的要义，从而导致他人利益被损害、公众权利受威胁。

2. 伦理风险意识淡薄，忽视长远利益

工程共同体成员缺乏伦理责任意识，漠视公正原则，在工程活动中仅考虑短期利益，忽视长远利益，这会带来严重的社会伦理问题与生态伦理问题。当工程共同体的伦理责任不能得到切实履行时，在公众面前所展现的就是工程共同体敷衍塞责的负面形象，这会导致社会矛盾的产生。

3. 人本理念缺失，公众利益受损

工程共同体在工程活动中缺失人本理念，人的健康、安全等基本权利失去保障，致使公众利益遭到损害。

4. 角色诉求不一，矛盾不断

为了确保工程项目的顺利推进，工程总目标划分为多个子目标，子目标与工程总目标间产生差异，投资者追求利益实现、管理者渴望能力体现、设计师向往职业艺术升华，从而引发工程共同体内部不同程度的矛盾与冲突。

5. 有章不守，有德不循

工程共同体伦理责任指导着工程共同体的行为选择，划定了工程共同体的道德底线。但在工程活动的利益博弈中，有章不循、有德不遵的伦理失范现象大量存在。国家以法律法规的形式对工程的国家标准与行业标准做出了明确规定，但仍有利益相关者面对诱惑，知法犯法，置生命安全与远期风险于不顾。随着工程事故的频繁发生，公众对于工程共同体的质疑不断增多，这最终必然导致其公信力下降，工程活动举步维艰。

7.3

工程共同体责任协同

7.3.1 工程共同体的伦理责任底线

造福人类作为工程共同体集体行动的伦理精神的根本宗旨，体现了工程共同体为人类创造

幸福生活的追求。工程共同体集体行动以为人类创造幸福生活为"应然"价值旨归，通过创造善的工程，使人类生活得更好。正如海德格所说，建筑的本质是人的栖居，就是让人"是其所是"地幸福生活于世界之中，让人的身体和心灵得到安顿和庇佑。

工程本质上是一项集体活动，工程风险一旦发生，不能把全部责任归于某一个人，而是需要工程共同体共同承担。生命权是人的一项基本权利，工程共同体不仅要重视工程共同体成员的生命安全和健康，也要重视公众的生命安全和健康；不仅要重视当代人的生命安全，而且要考虑到后代人的生命安全及其价值实现。因此，确保生命安全是工程共同体应当遵循的最基本的、最普遍的伦理责任底线。

工程共同体依据"安全第一"的理念，首先要做到不伤害工程共同体成员的生命安全和健康，尤其是要保证一线工人的生命安全，为一线工人创造安全的工作环境，并做好安全生产培训。其次，关注广大公众的生命安全和健康，及时向他们告知工程风险，因为工程风险是客观存在的，特别是新兴的农业工程、生物工程、医学工程在研发完成并投入市场后需要使用一段时间，这样其效果才能得到检验。因此，广大公众有权知晓工程可能给他们的生命安全和健康带来的负面效应。最后，工程共同体不仅要珍爱当代人的生命，而且要考虑到后代人的生命安全及其价值实现，推广低碳技术、循环技术、共生技术等各类环境友好型技术，以实现工程合目的性与合规律性的统一，实现社会与自然的可持续发展，实现人与自然和谐共处。

7.3.2　工程共同体的环境伦理责任

工程共同体是工程活动的主体，因此工程对环境造成的影响与工程共同体有密切的关系。工程共同体的环境伦理责任主要指工程共同体在工程活动中应维持生态平衡。

在工程活动中，工程共同体应秉持可持续发展原则，明确工程共同体、工程与环境之间的关系，在以人为本的同时，本着一颗敬畏自然的心，尊重自然，努力建立并维护人与自然和谐共处的友好关系，将环境伦理责任贯穿工程活动的各个环节，反对一切危害人类健康、破坏生态环境的项目。

工程决策是避免和减少生态破坏的根本性环节。假设有两个项目可供选择：一个项目短期投资少，但从长期来看，可能会造成不良的生态后果；另一个项目从长期来看有绿色环保效益，但短期投资较大。如果这两个项目都有一定的盈利空间，项目投资者大多会从经济价值、企业发展等角度选择前一个项目；而按照环境伦理的要求，应该选择后一个项目。这表明环境伦理观念是工程决策过程中不可缺少的。因此，制定有效的法律、规范和综合的环境经济评价制度，能使"绿色决策"成为主流。

工程设计在工程活动中起到举足轻重的作用，工程实践中的许多伦理问题都是在进行工程设计时埋下的。近年来，大型工程对环境的影响增大，工程设计中的环境伦理问题也日益突出。在传统的工程设计中，工程设计师会围绕产品本身，遵循功能满足原则、质量保证原则、工艺优良原则、经济合理原则和社会使用原则等一般性原则。然而，产品的环境属性，如对资源的利用程度、对环境和人的影响、可拆卸性、可回收性和重复利用性等，则较少被涉及。当前的工程设计师应认识到人与自然的依存关系，突破人类中心主义思想，将环境目标与产品的功能、使用寿命、经济性和质量并行考虑。因此，人类通过工程来展示技术力量的同时，更应该展示出自身的智慧和道德精神，在变革自然的过程中尊重自然，与自然和谐共处。

7.3.3 工程共同体在各工程环节中的伦理责任

1. 工程决策中的伦理责任

工程决策结果既是利益权衡的结果，也是复杂伦理选择的结果。工程决策环节要求决策者贯彻工程共同体伦理责任意识，追求利益兼顾与科学决策，承担相应的法律责任与伦理道德责任。

（1）维护公众安全，实现社会利益

工程共同体在工程决策环节不应仅仅谋取经济利益，还应兼顾工程活动对社会发展的影响，尽可能减少工程决策的负面效应。社会利益的实现以维护公众安全为基础，保障公众生命安全是贯穿工程决策环节的伦理底线，是工程共同体在工程实践中应遵守的伦理准则。

① 保障工程共同体成员的生命安全

工程共同体成员上岗前应参加安全生产培训，牢固树立"安全第一"的意识，提升对工程风险辨别的能力；工程共同体应为工程共同体成员营造安全的施工环境，维护好生产设备，减少工程事故风险的发生；工程共同体应严格制定有关工程专业技术与现场安全生产的各类规章制度，做好突发事故处理预案。

② 关注公众的生命安全和健康

公众作为工程的使用者有权知晓工程决策可能给他们的生命安全与健康带来的负面效应。因此，工程决策者应履行工程风险告知责任，让公众能够做到心中有数并慎重选择。

（2）征求民主意见，进行科学决策

工程决策是一个系统性环节，包括筹划准备、调查研究、制定和选择方案、深入研究及编制可行性报告等5个阶段，其中编制可行性报告是工程决策的核心。在工程决策过程中，工程共同体中的决策者在拥有系统专业知识的基础上，应将人文科学方面的基本理论纳入考量，为工程决策的科学性提供有效保障。

同时，工程共同体应以维护公众利益为目标，充分发挥工程共同体成员中各类人才的能力，让公众参与工程决策，广泛征求民主意见，这有助于促进工程决策的科学化、民主化，最大限度地保障公共利益。

☆ 案例

圆明园防渗工程

2005年3月22日，兰州大学生命科学学院教授张正春目睹了圆明园湖底铺设防渗膜的施工现场，如图7.2所示，他认为对圆明园的天然湖底进行如此严密的防渗处理是在为圆明园"掘墓"。此事件一经披露，立即引起社会的强烈关注。2005年4月1日，原国家环境保护总局叫停圆明园防渗工程。

图7.2 圆明园防渗工程施工现场

2005年4月13日，原国家环境保护总局就圆明园防渗工程举行听证会。73位来自各方面的专家和关心环境、历史人文景观保护的各界人士、圆明园管理处、北京市文物局、北京市水务局等就该工程充分表达了各自的观点。

　　圆明园管理处表示，在湖底铺设防渗膜是一项改善生态环境的节水工程。因为圆明园一年的补水费用需要几百万元，铺设防渗膜可以保证圆明园常年有水。圆明园是"遗址"，也是"公园"，做完防渗处理后，湖中会种植荷花、芦苇等植物。这样圆明园会更加漂亮，蓄水后将开发游船等水上项目，以满足游客划船游玩的需求。同时，圆明园管理处坚称防渗工程的决策程序是科学的、合法的。

　　公众则认为圆明园管理处违反相关法律，利用圆明园搞商业开发，把遗产当成摇钱树。质疑圆明园防渗工程的第一人张正春教授认为："几百万元的水费怎么能和圆明园的生态价值、历史文化价值、美学价值相提并论？那是无价的。湖底被铺上一层防渗膜，对圆明园来说是一次彻底的、毁灭性的生态灾难和文物破坏，是追求个别部门利益的短视行为。"北京大学的俞孔坚博士认为，不能将圆明园等同于一般的公园，它的真正价值在于"遗址"，而不是"公园"。游客们去圆明园，最想做的是看遗址，而不是划船，如果过分强化圆明园的游玩功能，就会本末倒置，误导游客。

　　之后，圆明园防渗工程从叫停、环评到决策的全过程，都由原国家环境保护总局向社会公开，充分体现了决策的民主性。

2. 工程设计中的伦理责任

工程设计是工程设计师根据工程规划，依据专业技术知识设计出工程实施方案的环节。该环节是工程共同体伦理责任得以明确的关键环节。工程设计师的伦理价值取向以工程设计为媒介贯穿工程活动，对工程共同体与工程活动产生巨大影响。

（1）坚持以人为本，追求简约环保

随着人们生活水平的提高，工程使用者对工程设计的要求已不仅仅停留于实现使用价值，他们越来越关注工程的附加价值，对工程在审美、精神、文化等层面有了更高的要求。工程设计中以人为本的理念越来越受到重视，具体体现为对工程使用者心理与情感的关怀。以人为本的设计杜绝对物质享受的盲目追求，拒绝奢华浪费，追求简约环保。

（2）考量伦理风险，保障科学设计

在工程设计环节，工程设计师应周全地考量伦理风险。首先，工程设计应符合社会的长远利益与人类永续发展的理想，在确保动机合理的同时尽量规避代际伦理风险。其次，工程设计须符合公众的内在精神追求，在彰显当代精神风貌的同时与社会文化结合，降低工程活动的社会伦理风险。最后，工程设计应努力达成环境伦理、技术伦理与社会伦理的有机结合，更具科学性与适用性。

3. 工程实施中的伦理责任

工程实施环节实现工程项目从"思"到"行"的转化，一方面关系到工程设计能否顺利实现，另一方面决定了工程产品能否安全投入使用。

（1）培养质量管理理念，建立质量管理制度和质量保证体系

工程质量不仅对公众的生命安全与切身利益产生重要的影响，而且也是工程共同体存续和发展的基本保证。工程质量出现问题，轻则导致人力、物力的浪费，重则直接危害工程使用者的生命财产安全。因此，在工程实施环节应严格管理工程质量。

首先，培养质量管理理念。一方面，开展培训，帮助工程共同体成员树立质量管理理念，

并使质量管理理念与工程实践活动相融合。另一方面，以重大工程质量安全事故为例开展主题教育，剖析事故发生的原因，敲响工程质量的警钟，在工程共同体中树立起质量问题人人有责的观念。

其次，制定质量管理制度。切实可行、详细完善的质量管理制度有利于将质量问题细化并落实到具体的工程共同体成员，明确责任归属，也为奖励与惩罚提供衡量标准。

最后，完善质量保证体系。质量保证体系将质量管理的对象从工程实施部门拓展到其他部门。各部门依照质量保证体系对本部门的作业进行质量控制，同时确保与交叉作业部门的及时沟通，为整体工程质量提供保障。

（2）明确工程管理方向，细化管理内容

首先，落实行政管理。工程共同体应以国家现行的法律法规与质量管理制度和质量保证体系为基础，完成工程项目资料的编制，认真履行工程项目合约。同时，发扬民主精神，听取各方意见，形成科学先进的管理模式。

其次，落实技术管理。施工中工程共同体应对设计图纸反复进行系统会审，确保实际施工与设计图纸相一致；实行工程质量终身负责制，将责任落实到个人；细查进场原材料，从细节处落实质量管理。

最后，落实安全生产管理。工程共同体注重对成员安全意识的培养，谨遵国家安全生产条例，加强施工现场管理，将安全责任落实到每个人、每个环节。

（3）注重生态伦理，保护自然生态

工程实施环节是否注重生态伦理关系着工程活动的成败，因此工程共同体要谨慎选择工程实施中的科学技术，努力引导工程活动实现绿色发展。此外，工程共同体在做伦理选择时要兼顾长、短期利益，以发展的眼光看待工程实施环节中出现的问题，在保障人类发展的同时营造良好的生态环境。

4. 工程监管中的伦理责任

随着工程活动的影响越来越大，监管主体在工程活动中的重要性也日益显现，监管主体履行好工程监管中的伦理责任是保障工程质量的最后一道防线。

（1）公众积极参与，全面监督

公众监督是公众保障自身权益的一种方式，公众通过建议、批评、申诉、举报等途径有效解决工程方与自身的矛盾，在协商中维护社会的稳定。

（2）监管者实事求是，拒绝诱惑

在工程监管环节，政府通常作为独立的第三方对工程质量进行监管。我国的工程监管主体主要包括政府工程质量监督部门及工程监理单位。

监管者应实事求是，充分尊重工程事实，将公平正义作为道德伦理原则，对监管的工程项目以公平公正的态度做出客观评价，严禁虚报与瞒报，以充分维护政府监管的权威性与有效性。此外，监管者应依法执政，严格执行工程技术标准。

7.3.4 工程共同体的伦理实践举措

1. 强化内部责任意识

工程实践过程不仅是工程共同体运用科学知识及技术经验达到工程目的的过程，也是工程共同体不断进行道德选择的思想情感过程。现阶段，我国对于工程共同体的伦理责任意识培养与道德情感教育处于探索与起步阶段，我国应当积极推进对工程共同体成员的伦理责任教育，让他们肩负起满足人类生存需要、推动社会发展、保护自然环境的责任，从而为工程共同体的良性发展筑构内在基础。

2. 提升成员良心意识

人类将工程活动作为认识世界和改造世界的手段，其中蕴含着多种多样的利益关系。工程共同体在工程活动的每一个环节都必须做到"时时有良心，事事凭良心"，时刻保持对生命和自然的尊重与敬畏。良心意识是工程共同体成员在工程活动中的责任意识的内化与升华，是工程活动实现"内在善"的基本保障。工程共同体成员的良心意识是其内在伦理水平与道德层次的展现，可通过后天的教化与培训进行提升。良心意识的提升能够有效促进工程共同体成员更加自觉自愿地承担伦理责任，从而保障工程共同体内部的和谐，使工程活动安全高效。

3. 汇集公众伦理意志

在工程活动中，为了能够最大限度地发挥工程共同体伦理责任的价值，在强化工程共同体内部责任意识与提升工程共同体成员良心意识的基础上，还应借助公众的力量。公众通过接受工程伦理教育，能提升工程伦理意识，对工程活动有更为深入的了解，充分表达自己的工程诉求。此外，工程共同体还应重视各类传播媒体对于公众价值观的影响，利用新兴媒体引导公众对工程活动进行监督。各类传播媒体应加强对工程意外事故的关注及报道，揭露工程共同体的不良行为，给相关工程共同体成员施加舆论压力，实现工程共同体伦理责任的实践价值。

4. 完善伦理责任制度，履行工程责任

首先，推动职业内部伦理制度建设，加深成员对于工程共同体内部不同职业伦理责任的理解与认可，让成员以认可与接受为前提，以自我约束为手段，积极主动地成为伦理责任的担当者与践行者。同时，职业内部伦理制度也能够为陷入道德困境的工程共同体成员提供判断的依据，指明脱困的方向。

其次，做好实践环节的伦理责任评价，重视工程活动启动之初的筹备环节和工程活动完成后的验收环节。前者的重要性体现于对工程活动中风险的评估与预防，后者的重要性则体现在对安全隐患与后期维护的评定与判断。这样可以对工程活动中重"利"轻"义"的不良现象做出一定程度的限制与归正。

最后，强化政府监管与法律约束，构建有效的责任伦理制度离不开明晰完善的法律体系。政府对工程活动的监管应具有强制性与权威性，政府要健全政策法规体系，优化法律奖惩制度，坚决严惩腐败现象，并努力为工程活动的公平交易提供优质场所，为工程活动交易双方提供优质服务。

5. 坚持生态共存，促进共生和谐

工程活动将大自然作为客观标的物，工程共同体的伦理责任要求工程共同体成员具备工程环境保护意识，尊重生命价值，承认一切生命体与人具有同等的生存权利，维护生态公正，即所有主体都拥有享受平稳生态的权利，且承担着维护生态和谐稳定的责任。工程共同体应倡导"绿色工程"，将工程建设与生态保护的关系由对立转变为共进，尽可能减少工程对环境的不良影响，从而实现社会效益的最大化。

与此同时，工程共同体应强化环境伦理教育，帮助工程共同体成员清楚认识到人与自然的

休戚与共，树立可持续发展观念，增强环境保护意识，将环境伦理责任内化至他们的理想信念中，从而实现从过去的"做好工程"到"做向善的工程"的转变。

7.4 本章小结

工程活动是一种集成多种自然与社会资源，协调多种利益诉求和冲突的极其复杂的社会实践活动。专业化的日益加强和劳动分工的不断细化，使现代工程活动成为工程共同体的群体行为，这导致很难确定个体的责任。因此，工程共同体要构建伦理责任体系，增强社会责任感和工程伦理意识，营造工程伦理文化氛围，将伦理责任落实于工程决策、工程设计、工程实施、工程监管等各环节，以协商与互动为前提、以质量与安全为基础、以生态与伦理为归宿，维护工程共同体内部的和谐稳定，使工程共同体成员各司其职，确保工程活动的科学高效，进而推动人类社会的永续发展及人与自然的和谐共生。优秀的工程建设不仅依赖于工程硬件条件的完备，还依赖于工程精神的力量和作用。

7.5 本章习题

1. 设想某一工程项目会对环境造成污染，同时对当地居民的健康有轻微的不良影响，却能改善当地居民的生活。当地居民也欢迎这个项目落地，以改变他们当前的困苦生活状态。在这种情况下，工程决策者该考虑哪些因素？做出什么样的决策？

2. 根据本章"圆明园防渗工程"案例，查阅资料，回答以下问题。

（1）圆明园管理处有哪些不当行为？

（2）如何对圆明园防渗工程进行科学的工程决策？

3. 从核技术诞生起，人类对核技术的应用就存在着争议。美国的三里岛核电站事故、苏联的切尔诺贝利核电站事故及日本的福岛核电站事故，都导致公众对于发展核电的支持度大幅下滑，核事故引起了人们内心深处的巨大恐惧。随着我国核电进入快速发展的重要阶段，公众对核电的安全性越来越关注。遵循公开透明原则，加大核电科普宣传的力度，减少公众对核电安全性的疑虑，营造有利于核电事业健康稳步发展的良好氛围，是我国发展核电急需做好的工作。如果出现核事故，一旦将核事故真相公之于众，就可能引起社会骚乱。但是，公众有了解核事故相关信息的知情权，政府如果不及时公开相关信息，可能会受到公众的质疑。你认为作为政府官员，应该如何权衡核事故信息公开问题？

第8章

中国工程走出去的伦理责任

在全球化浪潮中，各国（地区）之间的联系越来越紧密、交流越来越频繁，中国工程也逐渐走向世界舞台，以中国文化的自信和伦理智慧不断践行构建人类命运共同体的目标。本章介绍中国工程走出去的伦理挑战、伦理观及风险防范措施。

本章学习目标

（1）了解中国工程走出去的风险和伦理冲突。

（2）了解全球化工程伦理资源，理解丝路精神和中国工程走出去的价值原则。

（3）了解中国工程走出去的风险防范措施。

━━━━━━━━ **麦加轻轨工程** ━━━━━━━━

　　麦加轻轨是沙特阿拉伯为了缓解交通压力，在麦加投资兴建的铁路，如图8.1所示。麦加轻轨全长18.25千米，途经3个主要朝觐区，共设有9个车站，在高峰时每隔70秒发车一趟，单向运输能力为7.2万人/时。麦加轻轨是当前全球运能最大、运营模式最复杂、运营任务最繁重、外部气候环境最恶劣、建设工期最短的轨道交通项目。

图8.1　麦加轻轨

　　麦加在每年的旺季都会迎来数百万名游客，然而交通成为游客的重要阻碍。为了能够安全、快速地运输游客，沙特阿拉伯花重金向国际社会招标修建轨道交通系统。但是，来自欧洲、日本的团队在详细了解该交通系统的建设要求之后均果断放弃，最后只有中国铁建股份有限公司（简称"中国铁建"）和沙特阿拉伯的一家本土公司参与竞标。

　　2009年2月10日，中沙两国签订合同，自此拉开了中国铁建修建麦加轻轨的序幕。然而，中国铁建在从设计、采购、施工到麦加轻轨开通运营的过程中，遭遇到前所未有的困难。

　　① 施工环境恶劣。沙特阿拉伯全境属于热带沙漠气候，炎热干旱，常年平均气温为40℃~50℃，夏季地表的最高温度可达70℃。同时，沙特阿拉伯的地形、地貌特殊，轻轨所经过的阿拉法特山和麦加之间的绝大多数区域都是荒凉的沙漠，沙地松软，铁轨根本无法正常地铺设。此外，轨道线路的最大坡度达到了41‰，而国内铁路的坡度一般不超过20‰，这也增大了施工难度和建设成本。

　　② 宗教信仰、习俗与文化差异。按照沙特阿拉伯当地的规定，如果承建商雇用当地的劳工，必须尊重他们的宗教信仰和习俗。沙特阿拉伯对工作时间有严格的规定，如果超出规定的工作时间，需支付加班工资。在麦加城内的施工只能由伊斯兰教信徒完成，他们的工作时间有很多限制。由于宗教信仰、习俗与文化差异，加之语言沟通不畅，项目建设进展缓慢，建设成本也大大增加。

　　③ 技术要求严苛。多标准并存及多国供应商的存在使中国铁建处于极为被动的境况，严重压制中国铁建的建设主动权，再次抬高修建成本。例如，项目的土建使用美国标准，系统采用欧洲标准，沙特阿拉伯还指定西方公司和当地公司作为设计分包商。

　　中国铁建尽管面临种种难题，但还是依靠强大的技术实力和顽强的毅力，仅用16个月就完成了在国内需要3年工期的轻轨工程项目，创造了世界轨道交通建设史上的奇迹。2015年，中国铁建将麦加轻轨移交给沙特阿拉伯政府，为中国在境外市场首个总承包轻轨项目画上圆满句号。麦加轻轨不仅让游客享受现代科技带来的便捷，增加了他们对于中国的好感，同时也为沙特阿拉伯提供了大量就业机会，培养了大批铁路技术、管理和运营人才，赢得了沙特阿拉伯的赞誉。

2018年，中国铁建再次获得麦加轻轨运营合同，顺利完成当年的朝觐运营任务。2022年，中国铁建克服疫情、高温等产生的影响，确保2022年朝觐过程安全、平稳、有序，在特殊时期展示了中国力量，圆满完成第8次麦加轻轨运营任务。

思考

中国工程走出去将面临什么样的风险和挑战？如何有效地践行跨文化工程实践？

8.1
中国工程走出去的伦理挑战

8.1.1 中国工程走出去的风险

中国工程走出去是指中国工程企业通过对外直接投资、对外工程承包、对外劳务合作等形式积极参与国际竞争与合作的跨国整合发展模式。2013年，中国提出"一带一路"倡议，其目的在于与世界共享机遇、共谋发展，从而构建人类命运共同体，这为中国工程在规模和深度上走出去提供了历史机遇和时代动力。

随着中国"一带一路"倡议的不断推进，中国工程正在步入"走出去的新常态"，不断促进沿线国家和地区的经济发展和社会进步。然而，不同国家和地区在社会形态、意识形态、政治格局等方面的差异，使得不同的价值冲突在工程领域交叠出现，这使得中国工程在走出去的过程中所面临的伦理风险逐渐显现出来。

1. 国际政治风险

国际政治风险是指在跨国、跨地区的工程项目建设中，国家之间政治关系及东道国的政局状态对工程建设造成的影响。

（1）国家之间政治关系变化

国家之间政治关系是国家与国家之间基于国家利益，借助国际法、国际组织或本国权力，实现对全球资源的占有或分配的国际关系。国家之间政治关系的微妙变化将可能导致东道国单方面追求本国利益，采取违背伦理的手段，将建成项目收为国有或在获得了资金、技术和人才培训等方面的投入后中止合作，从而损害他国投资者的利益。

（2）东道国政局不稳定

中国本着"和平合作、开放包容、互学互鉴、互利共赢"的精神与"一带一路"沿线国家和地区开展工程项目合作。然而，受地缘政治等因素的影响，中国和东道国签署的合作协议可能不能及时生效。

📖**案例**

一波三折的中泰铁路

中泰铁路项目始于泰国英拉政府时期，项目执行可谓一波三折。2012年，英拉访问中国时，意欲寻求中国方面的合作和帮助，以使泰国摆脱经济困境。2013年10月，中国与泰国共同发表了《中泰关系发展远景规划》，将中泰铁路项目转化为更符合泰国需求的"高铁换大米"协议。

2014年5月，泰国政坛发生"地震"，因为各种政治原因，中泰铁路项目就此搁置。2015年，巴育政府与中国重启了铁路合作谈判，历经9轮谈判，两国代表签署了政府间的铁路合作框架文件。2016年3月，正当中国宣布5月中泰铁路开工之际，泰国自行宣布不再谋求中方资金的支持，而是采用中方技术自筹修建中泰铁路，开工日期延至2016年年底，并且仅建设曼谷经坎桂至呵呖段，全长约250千米，铁路总长度被压缩了2/3。泰国政府的行为让中泰两国已经达成的合作又一次重置。2016年12月9日，中泰两国再次签署数份合作文件。根据这些文件，中国分两期建设曼谷至廊开段的标准轨铁路，并在5年内完成。2017年12月，中泰铁路项目一期工程举行开工仪式。

2019年11月5日，中国和泰国发布联合声明，双方同意将中泰铁路打造为两国高质量合作的成功典范，加快中老泰铁路贯通，在"陆海新通道"框架下探讨互利合作，促进地区联通和发展。

2. 国际经济风险

国际经济风险是指工程建设所在国的经济形势及市场需求发生变化而影响工程建设。利益分配不均、通货膨胀、汇率波动、换汇控制、金融危机等因素为中国工程走出去增添了经济风险。

（1）成本增加

国际合作的工程项目可能会涉及大量劳务输出，因此会存在劳工签证的问题，如果工程项目时间很长，则存在重新办理签证的问题。如果用当地劳工则需要符合当地对工作时间、保险、工伤等的规定，可能会影响中国企业的用工成本。同时，中国企业在他国投资时可能涉及在国外或国内采购大量的设备与材料，各地之间的价格可能存在极大差异，这部分成本便存在较大的不确定性。

（2）汇率波动

中国企业对外投资取得的收益或遭受的损失的多少，除了与市场和竞争因素有关外，还与汇率的波动有关。如果以美元或者第三方货币结算，美元及第三方货币的汇率波动对中国投资者而言是影响成本的不稳定因素。

（3）利率提高

中国企业对外投资项目大多是基础设施和资源开发类项目，这些项目施工时间长，投资额度大。对于中国投资者利用借贷资金开展项目建设而言，如果银行提高项目融资利率，就会导致项目资金成本或债务负担的增加，使得项目偿还贷款的风险加大。

（4）信用缺乏保障

信用保障风险是指东道国的业务伙伴不可靠所带来的风险。中国投资者对国外的交易对手、合伙人、债务人等业务伙伴的经济背景、资信能力难以进行全面、准确、客观的了解，加之可能在当地的投资经验并不十分丰富，面对不熟悉的市场、法律体系和监管机构，中国投资者面临的信用保障风险加大。

（5）结算索赔难

在境外实施工程项目的过程中，中国投资者的力量相对于当地的力量来说总是薄弱的。存在一些中国投资者在项目竣工后，由于业主拖着不结算，导致做了事却拿不到钱的情况，索赔结果往往是影响项目盈利的重要因素。

3. 国际社会风险

中国企业走出去之后，与东道国之间存在政府管理方式、法律、工程技术标准、语言文化、生活习惯、社会习俗等方面的差异。例如，除了国家法定假期外，世界各国劳工每周的工作时间还存在差异。在印度，劳工由于长期受英国和印度文化的影响，有喝下午茶和不加班的习惯等。这种差异可能对项目的正常运行造成影响。

4. 国际环境风险

国际环境风险包含自然环境风险和环境保护风险两个方面。自然环境风险是指剧烈变化的自然环境、恶劣的施工条件及不利的地理位置等因素对工程所造成的影响。例如，地震、海啸、泥石流、龙卷风等，自然环境风险形成的灾难性不可抗力会给施工带来预想不到的困难。环境保护风险是指在从事工程建设过程中因忽视工程项目的生态价值取向而对工程造成的影响。

国外工程建设与国内工程建设的突出差别在于地区跨度大，不同地区之间生态系统多种多样。例如，东南亚地区和南亚地区有热带雨林与亚热带山地森林，欧亚大陆高纬度地区有亚寒带针叶林，等等。如果在工程项目建设过程中，部分投资者和建设者生态环境责任缺失，利用不同国家之间的法律漏洞肆无忌惮地开展工程建设，以获取最大利益，这势必造成沿线生态环境被肆意破坏。

8.1.2 中国工程走出去的伦理冲突

在国际化程度日益加深的今天，积极寻找各种文明之间深层沟通、对话、理解的文化路径，消解工程跨文化实践所遭遇的现实风险与伦理困境，这比以往任何时候都要迫切。故有学者提出"超文化规范"，试图化解工程跨文化实践中的伦理冲突。"超文化规范"作为人类就工程活动寻求各种文明之间相互沟通、对话的努力，具有一定的合理性，但其作为当前走出去的中国工程应对全球化挑战时的价值理念有一定的局限性。由于走出去的中国工程处于一个多元和异质的文化环境，因此极有可能给中国投资者与不同国家、民族、文明进行对话带来障碍。

不同国家有不同的观念、不同的信仰、不同的文化，走出去的中国工程企业和工程师面临保持自我与适应他者的两难抉择。

8.2

中国工程走出去的伦理观

8.2.1 全球化工程伦理资源

在全球化的今天，工程活动由来自不同文化背景的人共同参与完成，这导致各方在伦理标准方面很难达成一致，但各方也形成了一些共识，这些共识对于中国制定中国工程走出去的工程伦理规范具有一定的借鉴意义。

1. SA8000标准

1997年，社会责任组织依据《国际劳工组织公约》《世界人权宣言》《儿童权利公约》，研究制定出世界首个道德规范国际标准——《社会责任国际标准》，即SA8000标准。目前通行的SA8000标准（2014版）是该标准的第4版。

SA8000标准是第一个在社会责任领域可用于审核和第三方认证的自愿性国际标准，对保障劳工权益提出9个方面的最低要求：①禁止使用童工；②禁止强迫性劳动；③保护员工健康与安全；④保证组织工会的自由与集体谈判的权利；⑤禁止性别、种族、宗教等歧视；⑥禁止在管理中使用惩戒性措施；⑦工作时间必须依照所在国标准执行，每周最长工作时间不得超过48小时；⑧员工工资符合所在国最低工资标准；⑨公司应建立保证劳工标准贯彻执行的相关管理体系。

2. 全球契约

全球契约是联合国提出的一项倡议，旨在要求各企业在各自的影响范围内遵守、支持及实施一套涉及人权、劳工标准、环境及反腐败等四大领域的10项基本原则。这些原则来源于《世界人权宣言》《国际劳工组织关于工作中的基本原则和权利宣言》《里约环境与发展宣言》《联合国反腐败公约》。全球契约的提出有利于企业承担社会责任，在经济全球化背景下参与国际事务。

① 人权：尊重和维护国际公认的各项人权，绝不做出任何漠视与践踏人权的行为。

② 劳工标准：维护结社自由，承认劳资集体谈判的权利；彻底消除各种形式的强制性劳动；不使用童工；杜绝任何在用工与行业方面的歧视行为。

③ 环境：对环境挑战做到未雨绸缪，主动增加所承担的环保责任，鼓励无害环境技术的发展与推广。

④ 反腐败：企业应反对各种形式的贪污，包括敲诈、勒索和行贿受贿。

3.《社会责任指南》

国际标准化组织于2010年正式发布《社会责任指南》。该指南明确用社会责任代替企业社会责任，确定组织管理、人权、劳工实践、环境、公平运营、消费者权益、社区参与和发展等7项主题，并适用于所有类型的组织，包括公共部门、私人部门，发达国家、发展中国家和转型国家的各种组织。

同时，中国也于2016年实施一项国家标准——《社会责任指南》（GB/T 36000—2015），旨在帮助组织在遵守法律法规和基本道德规范的基础上实现更高的社会价值，最大限度地致力于可持续发展。《社会责任指南》（GB/T 36000—2015）的实施使中国社会责任领域的相关概念及实践得到统一和规范，为组织开展社会责任活动提供依据，有利于组织更好地履行社会责任。

4.《中国对外承包工程行业社会责任指引》

2012年，由我国商务部指导发布的《中国对外承包工程行业社会责任指引》（简称《指引》），是我国首部对外承包工程行业的自愿性社会责任标准。《指引》借鉴了联合国的全球契约和国际标准化组织的《社会责任指南》等国际通行标准，结合了我国承包工程行业的业务现状，针对质量安全、员工发展、业主权益、供应链管理、公平竞争、环境保护和社区发展等7个核心议题，对企业履行社会责任提出了具体要求，明确了社会责任管理的要点，为对外承包工程企业提供了可参考的行为框架。

8.2.2　丝路精神

2000多年前，我们的先辈穿越草原沙漠，开辟出联通亚、欧、非的陆上丝绸之路；扬帆远航，闯荡出连接东西方的海上丝绸之路。从张骞出使西域完成"凿空之旅"，到郑和七次远洋航海留下千古佳话，丝绸之路凝聚了先辈们对美好生活的追求，促进了亚、欧、非各国的互联互通，推动了东西方文明的交流互鉴，为人类文明发展做出了巨大贡献。

丝路漫漫，驼铃声声，历史见证了陆上"使者相望于道，商旅不绝于途"的盛况，也见证了海上"舶交海中，不知其数"的繁华。丝绸之路绵亘万里，延续千年，积淀了以和平合作、开放包容、互学互鉴、互利共赢为核心的丝路精神。在丝路精神的指引下，"一带一路"倡议的规模不断扩大。截至2022年6月，150个国家和地区与32个国际组织加入"一带一路"倡议的大家庭，取得了丰硕的成果。新时期的丝路精神，集中体现了中华民族爱好和平、讲究和睦、追求和谐的民族品格，彰显了中华民族的天下情怀、价值追求和使命担当。

例如，中国启源工程设计研究院有限公司先后在多个"一带一路"沿线国家和地区开展了工程项目建设。在工程项目的建设过程中，该公司将节能环保理念带到每个项目及工作的每个细节中。在巴基斯坦，该公司秉承"绿色、节能、环保和可持续发展"的理念，于2016年年初建成巴基斯坦议会大厦光伏发电项目。巴基斯坦议会大厦顶部和停车场顶棚上有近4000块多晶硅光伏组件，总装机容量为1兆瓦，其日均发电量能满足巴基斯坦议会大厦的需要。巴基斯坦议会大厦光伏发电项目成为中巴经济走廊的重要示范工程，为中巴推进新能源领域合作产生了良好的示范效应。

8.2.3　中国工程走出去的价值原则

1. 义利相兼、以义为先

人既是工程的建设者，也是工程结果的享有者。由于社会主体的多元化，利益的取向与需求的差异化，走出去的中国工程应维护合作国家和地区人民的利益与基本权利，充分保障他们的安全、健康和全面发展，促进人类命运共同体的构建，这也是中国工程走出去的出发点和归属。

（1）维护合作国家和地区人民的利益与基本权利

中国工程走出去既要符合中国人民的长远利益，也要符合合作国家和地区人民的利益，尊重当地人民的基本权利，从而带动中国及各国、各地区和各民族人民共同繁荣与进步，实现共赢。

在我国"一带一路"民生项目的建设中，我国"中医药海外中心"项目最为突出。2022年，国家中医药管理局、推进"一带一路"建设工作领导小组办公室联合印发的《推进中医药高质量融入共建"一带一路"发展规划（2021—2025年）》指出："'十四五'时期，与共建'一带一路'国家合作建设30个高质量中医药海外中心，颁布30项中医药国际标准，打造10个中医药文化海外传播品牌项目，建设50个中医药国际合作基地，建设一批国家中医药服务出口基地，加强中药类产品海外注册服务平台建设，组派中医援外医疗队，鼓励社会力量采用市场化方式探索建设中外友好中医医院。到2025年，中医药政府间合作机制进一步完善，医疗保健、教育培训、科技研发、文化传播等领域务实合作扎实推进，中医药产业国际化水平不断增强，中医药高质量融入共建'一带一路'取得明显成效。"中医药海外中心的建设不仅可以为"一带一路"沿线各国、各地区的人民提供中医医疗和养生保健服务，提升当地人民的健康水平，也可以促进我国传统中医药文化与技术在世界范围内的传播与发展，提升我国中医药技术在国际传统医学领域的话语权和影响力。

在2016年，中国与阿富汗签署共建"一带一路"谅解备忘录。该文件成为避免对当地人民造成利益损害、切实保障当地人民的基本权利和维护双方合作的政治法律基础。根据该文件的内容，中阿双方在"政策沟通、设施联通、贸易畅通、资金融通、民心相通"的合作模式下开展合作，实现共同发展和共同繁荣。这份文件的签署也展示了中国与"一带一路"沿线国家和地区共享发展成果的诚意。

（2）促进人类命运共同体的构建

中国的发展离不开世界，中国的发展惠及世界。人类命运共同体旨在追求本国利益时兼顾他国合理关切，在谋求本国的发展中促进各国共同发展。

党的二十大报告指出："构建人类命运共同体是世界各国人民前途所在。万物并育而不相害，道并行而不相悖。只有各国行天下之大道，和睦相处、合作共赢，繁荣才能持久，安全才有保障。中国提出了全球发展倡议、全球安全倡议，愿同国际社会一道努力落实。中国坚持对话协商，推动建设一个持久和平的世界；坚持共建共享，推动建设一个普遍安全的世界；坚持合作共赢，推动建设一个共同繁荣的世界；坚持交流互鉴，推动建设一个开放包容的世界；坚持绿色低碳，推动建设一个清洁美丽的世界。"

因此，中国工程在走出去的过程中，要充分考虑工程背后支撑的理念和向往的目标的差异，充分考虑工程建设对他国国家利益的影响，充分考虑工程建设是否符合构建人类命运共同体的宗旨与意愿，让不同的文明在交流的过程中相互学习、相互借鉴，推动不同的文明和谐相处，共享发展机遇与建设成果，从而为构建人类命运共同体打下坚实的基础。

2. 以和为贵、求同存异

以和为贵是为互利共生创造的有利条件，求同存异是给和平发展提供的契机。以和为贵、求同存异为不同文明与文化之间的矛盾和冲突提供解决方案，从而实现工程与人、自然、社会、文化的共存共荣，开启不同国家和地区之间共同发展的新机遇。

例如，我国和哈萨克斯坦、吉尔吉斯斯坦合作申报，使"丝绸之路：长安—天山廊道路网"入选《世界遗产名录》，成为首例跨国合作、成功申遗的项目。"丝绸之路：长安—天山廊道路网"项目贯穿3个国家，全长5000千米，沿线包括中心城镇遗迹、商贸城市、交通遗迹、宗教遗迹和关联遗迹等5类代表性遗迹共33处。该项目不仅展现了中国与"一带一路"沿线国家和地区的历史渊源，向世界复原了早在2000多年以前形成的促进全球经济发展的经济动脉，也成为人类历史上不同文明与文化融合、交流和相互促进的杰出范例。该项目成功申遗必将进一步加强中国和哈萨克斯坦、吉尔吉斯斯坦的文化交流，扩大3个国家在文物保护方面的合作，极大促进"一带一路"沿线国家和地区的人民乃至全世界的人民之间的友好往来。

3. 务实有为、经世致用

务实有为、经世致用是中华传统伦理文化的精神品格，为中国工程跨文化实践和发展提供了强大的精神动力。在国际大环境中，不同国家和不同文化之间的交融必定会产生伦理全球化和伦理多元化的两难选择。当不同的工程共同体面对全球化的伦理冲突时，应避免两个极端：①伦理绝对主义，即工程共同体在国际活动中始终按照本国的文化价值观念行动，而不做任何调整；②伦理相对主义，即采取入乡随俗的原则，完全按照东道国的习俗和法规办事。在解决跨文化的工程伦理问题时，这两种做法都是不可取的。工程共同体应当采取伦理关联主义或情景主义，即道德判断应与背景相关联，在不同情况下考虑不同的因素。

在"一带一路"工程项目的建设中，走出去的中国工程企业应本着务实的态度，充分考量中国技术、中国产品、中国标准、中国服务能否切实带给"一带一路"沿线国家和地区更多的民生福利，能否有利于沿线国家和地区的经济发展与社会繁荣；走出去的中国工程企业应将工程项目与当地的社会实际相结合，平衡好工程风险与收益，讲好中国故事。

4. 交往有信、合作共赢

合作双方以信任合作为基础，坚持"共商、共建、共享"原则，追求"双赢"目标和共同价值，各施所能，各展所长，实现互惠合作、互利共赢。例如，2006年开工建设、2012年4月正式封关运营的中哈霍尔果斯国际边境合作中心是中国和哈萨克斯坦在霍尔果斯口岸共同建立的世界上首个跨境自由贸易区和投资合作中心。该中心具有供中哈两国开展贸易洽谈、仓储运输、举办区域性国际经贸洽谈会等功能，为中哈两国开展对外贸易和贸易合作提供了坚实的后盾，极大地减少了两国贸易往来的分歧和矛盾。该中心不仅成为中哈两国面向世界、展示中国改革开放成果的新"名片"，也是工程项目全球化合作与共赢的典范。

8.3
中国工程走出去的风险防范措施

8.3.1　强化工程伦理责任

1. 政府的工程伦理责任

走出去的中国工程大多具有建设周期长、投入资金多、管理协调难度高、社会影响深远等特点。如果这些工程的决策缺少伦理方面的考虑，极易导致工程决策失误，从而影响工程后期的各项活动。有专家认为，政府应当始终维护好人民的利益，履行好中国工程走出去的工程伦理责任审查和监管责任，从而有效防范工程伦理风险。

在工程审批方面，有专家建议，首先，政府应评估走出去的中国工程的设计是否符合科学精神和人文精神；其次，走出去的中国工程的设计应当权衡工具理性与价值理性。工具理性强调技术活动的有效性。价值理性则强调"合理性"，关注人的人文需求。因此，走出去的中国工程的设计必须内含展示当地人民愿望和追求的价值理性。

在工程管理和监督方面，有专家建议，首先，政府应加强与东道国的交流，可以以一定的形式帮助东道国营造有利的投资环境，为走出去的中国工程企业开展投资贸易活动创造良好的条件；其次，政府应建立健全促进和保障对外投资发展的机制，破除贸易壁垒，完善服务体系和工程质量监管体系。

2. 企业的工程伦理责任

走出去的中国工程企业作为工程建设主体，既需要保护好劳动者的安全和健康，也要在维护国家利益不受侵害的同时兼顾东道国的利益。

走出去的中国工程企业在进行对外投资之前，要加强对东道国的信息调研，包括社会人文环境、法律环境、项目现场、施工资源、气候及天气状况、是否有技术控制、流行性疾病及主要发生的不可抗力事件等。在工程建设的过程中，中国工程企业应及时了解和掌握东道国的政治动向，处理好与政府、议会及当地居民的关系，承担必要的社会责任和环境保护责任，对参与工程建设的劳动者予以人道主义关怀，制定科学有效的事故防范措施和应急方案，不污染环境，不破坏当地的生态平衡，从而提高当地居民对项目实施的支持度。

3. 工程师的工程伦理责任

工程本身的技术复杂性和社会关联性要求工程师在精通技术业务的同时，能够管理和协调好工程活动中的各种关系，具有在利益冲突中做出伦理价值判断的能力。工程师除了要对雇主负责，还要对社会公众、环境及人类社会的未来担负起相应的责任。

就工程师对工程产品质量方面的伦理责任而言，走出去的工程师要尊重当地的工程技术标准规范和国际标准，严把工程产品质量关，从而树立良好的工程产品形象，提高产品的技术含量和附加值，提高工程产品和企业的核心竞争力。

技术转移是指技术由其起源地点或实践领域转而应用于其他地点或领域的过程。走出去的中国工程的建设在某种程度上就是将我国的部分现代工程项目技术转移到其他国家和地区的过程。在国内适用的工程技术在转移到其他国家和地区的过程中，面临着诸多环境因素的改变，走出去的工程师需要增强自身的道德敏感性和工程伦理责任意识，把自己的专业知识与当地经验结合起来，在工程设计中对工程技术转移地的经济承受能力、使用习惯、社会习俗等方面的影响因素加以考虑。

就工程师对社会和环境的伦理责任而言，工程的建设与社会生活中的"人"与"物"都有着密切的联系，走出去的工程师同样要加强对社会和环境的伦理责任意识，在工程决策、设计、实施、评估等环节中都要将工程涉及的"人"与"物"纳入伦理关怀，维护好社会与自然环境的整体利益。同时，走出去的工程师还肩负文化伦理责任，要在文化差异中践行中国优秀的文化传统与价值观，在潜移默化中化解冲突，促使双方获益。

4. 工人的工程伦理责任

走出去的工人要认真遵守操作规范，及时发现操作规范和设备管理中的漏洞并及时上报，以促进问题的解决。

8.3.2　加强伦理文化建设

1. 尊重、理解当地的政治及民俗文化

走出去的中国工程是以造福各国人民为目的的活动，走出去的中国工程企业和工程师要有国际化视野和担当，强化国际责任意识，尊重东道国民众的社会文化心理与习惯，了解东道国的文化特点及其特殊性，避免种族歧视和不当言论，找到与当地利益相关的渠道及沟通交流的最佳方式，提升当地民众对工程的认知度与满意度，增进与当地民众的情感和文化互融。走出去的中国工程企业和工程师与东道国企业或民众发生冲突时，可借助当地的华侨组织弥合分歧，达成共识。

2. 遵守我国法律法规、东道国法律法规及国际规范和惯例

走出去的中国工程企业和工程师在遵守中国法律的同时要了解各国法律制度体系的差异，深入理解东道国法律法规和有关政策及国际规范和惯例，使矛盾通过协商的方式解决，并通过合同条款合理保护自己的权益，有效防范风险，实现利益互惠。

3. 注重当地的生态保护，推进工程与当地社会和自然环境的可持续协调发展

走出去的中国工程企业和工程师应树立可持续发展的理念，降低商业经营的功利性，兼顾项目的经济性、环保性和对当地社会民生的改善，平衡自身发展与服务当地及环境保护的关系，做社会责任的承担者，不做环境的破坏者。

4. 培养掌握工程伦理风险防范技术的专业人才

在走出去的工程建设中，参与生产、制造的企业往往数量多，行业伦理风险的高低各异。尤其是高危或尖端行业的工程建设，必须有大批熟悉高危或尖端行业的工程伦理风险类型、对工程伦理风险隐患有全面认识的专业人才。因此，不论是企业还是政府，都应积极做好人才培养和储备工作，培养一批掌握工程伦理风险防范技术的专业人才。

8.4

本章小结

走出去的中国工程对于打破国家地理界限，推动建设一个开放、包容、普惠、平衡、共赢的经济全球化体系，促进中国同世界各个文明的深入交流，实现各国、各地区和各族人民共同繁荣与进步，构筑人类命运共同体奠定了坚实的基础。走出去的中国工程秉持丝路精神和义利相兼、以和为贵、务实有为、交往有信等价值原则，在中西方文化互鉴中坚守"人类共同价值"理念，不断加强合作、谋求共赢，维护和拓展各自的正当利益，为推动人类社会发展进步做出应有的贡献。

8.5

本章习题

1. 请思考：如何正确对待不同国家和民族的文明？如何维护不同国家的生态平衡？

2. 在全球化的过程中，工程师的身份更加多元，一方面代表着本国的利益，另一方面还要为东道国的工程设计、施工、运营负责。假设一项工程符合东道国的建设标准，但东道国的建设标准低于本土国的建设标准，此时工程师应该如何选择？

3. 在跨文化工程实践中，如何"保持自我，适应他者"？

4. 通过对本章的学习，查阅相关的资料，思考并讨论当前在"一带一路"倡议下的"职业工程师"的标准。

5. 如果你需要在网络上与外国文化打交道，你应该遵循哪些道德标准？

第3篇　实践与辨识

第9章

工程伦理案例分析

本章对5个案例进行工程伦理分析，帮助学生提高综合运用工程伦理知识进行分析与实践的能力。

9.1

都江堰水利工程案例

9.1.1 案例概述

都江堰水利工程（见图9.1）位于四川成都平原西部的岷江上，距成都约60千米，是李冰父子于公元前256年组织修建的全世界年代最久远、唯一留存、仍在一直使用、以无坝引水为特征的宏大水利工程。该工程使成都平原成为水旱从人、沃野千里的"天府之国"。

图9.1 都江堰水利工程

岷江出自岷山山脉，从成都平原西侧一路向南流淌。由于成都平原西北高、东南低，坡度大，导致水流落差达273米，因此岷江具有"悬江"的地势特点。每当岷江洪水泛滥，成都平原便一片汪洋；一遇旱灾，又赤地千里，颗粒无收。岷江水患长期祸及川西，侵扰民生，成为古蜀国生存发展的一大障碍。

都江堰水利工程的修建有其特定的历史根源。战国时期，战乱纷呈，饱受战乱之苦的人民渴望统一。此时，经过商鞅变法的秦国名君贤相辈出，国势日盛。他们认识到蜀地在统一天下中特殊的战略地位，司马错曾说："得蜀则得楚，楚亡则天下并矣。"秦惠王采纳了司马错的建议攻打蜀地，将蜀地建设成可靠的战略基地。在这一历史大背景下，秦昭王委任知识渊博的李冰为蜀郡太守。李冰上任后，决心根治岷江水患，发展川西农业，造福成都平原，为秦国统一天下创造经济基础。

公元前256年，李冰率众在岷江出山口修建都江堰水利工程。这项工程主要由鱼嘴、飞沙堰、宝瓶口三大部分，以及百丈堤、人字堤等附属工程构成。工程顺应自然，充分利用当地西北高、东南低的地理条件，根据岷江出山口特殊的地形、水脉、水势，乘势利导，利用鱼嘴把岷江一分为二。在枯水季节，分水比例为内江六成、外江四成，这能保证成都平原的用水需要；当洪水来袭，分水比例就自动变成内江四成、外江六成，这能保证成都平原不受岷江洪水袭扰。同时，根据流体力学中的弯道环流原理，在环流的作用下，江水产生分层运动，夹带泥沙较少的表层水趋向凹岸的内江，夹带泥沙较多的底层水趋向凸岸的外江，从而实现第一级分洪排沙。内江的飞沙堰也在弯道上，其弯曲半径达750米。飞沙堰在凸岸，宝瓶口在凹岸，在环流的作用及离堆的阻挡下，内江中的洪水和70%～90%的泥沙由飞沙堰溢出，从而实现第二级分洪排沙。宝瓶口是人工在玉垒山开凿的一个缺口，10%的江水由宝瓶口流入灌区，被截离的山称为离堆，而江水中的泥沙仅占总量的9%。在宝瓶口的开凿过程中，由于当时没有开山凿石的金属工具，因此人们利用热胀冷缩原理，采用火烧水浇的方法完成开凿。岷江经宝瓶口分成众多的沟渠，组成纵横交错的扇形水网，以灌溉成都平原。这使成都平原的农业迅速发展，成都平原成为闻名天下的巨大粮仓。

都江堰水利工程科学地解决了江水自动分流、自动排沙、自动泄洪、控制引水等问题，实现了防洪、灌溉等综合效益。除灌溉外，都江堰水利工程还带来了舟楫之利，成都一度成为重要的水上交通枢纽，货通天下，船行四海，锦门更成了南丝绸之路的起点，正如杜甫诗云："窗含西岭千秋雪，门泊东吴万里船。"意大利旅行家马可·波罗描写成都的水上运输："河中船舶舟楫如蚁，运载着大宗的商品，来往于这个城市。"

都江堰水利工程并非一项一劳永逸的工程，沙石淤积会改变河道的形态，从而影响工程整体的效用，所以必须定期疏通河道，便有了"岁修"。都江堰水利工程的维护设施都就地取材，应用了本地盛产的竹、木、卵石来截流分水、筑堤护岸、抢险堵口，人们由此总结出四大传统堰工技术——竹笼、杩槎、羊圈和干砌卵石。水利史专家谭徐明在《都江堰史》中写道："干砌卵石用作堤防和护岸时有利于落淤固滩，为河滩各类生物的生长繁衍提供较好的环境，使堤防产生较好的生态和景观效果。"

新中国成立以来，都江堰水利工程得到进一步完善，如今已经发展成为特大型水利工程体系，灌溉面积由1949年的280多万亩增加到1076万亩。此外，都江堰水利工程还承担着为成都市提供生活用水、工业用水、环境用水等职能。

随着科学技术的发展和灌区范围的扩大，尽管人们逐步改用混凝土浆砌卵石技术对都江堰水利工程进行维修、加固，增加了部分水利设施，但其工程布局和"深淘滩、低作堰""乘势利导、因时制宜""遇湾截角、逢正抽心"等治水方略没有改变。都江堰水利工程以其"历史跨度大、工程规模大、科技含量大、灌区范围大、社会经济效益大"的特点享誉中外，在政治、经济、文化方面都有着极其重要的地位和作用，成为世界水资源利用的典范工程。

9.1.2　伦理分析

下面从工程价值的角度分析都江堰水利工程的价值，以及如何实现人与自然的和谐共处。

1. 科学价值

都江堰水利工程遵循了"乘势利导、因时制宜"的科学原则，顺应自然，与自然组成了一个协调一致的有机整体。通过鱼嘴、飞沙堰、宝瓶口三大主体工程，百丈堤、人字堤等附属工程，以及利用流体力学中的弯道环流原理，都江堰水利工程便完成了江水自动分流、自动排沙、自动泄洪、控制引水的任务。

2. 政治价值

在战国时期，都江堰水利工程的建成使成都平原跃升为秦国重要的粮仓，成为秦国重要的战略大后方，从此改变秦、楚、齐三强并驾齐驱的局面，为秦国最终统一天下奠定了经济和物质基础。上自秦汉、下至抗日战争时期，成都平原上的粮食被不断运往前线，成都平原成为国家资源储备的大后方。

3．经济价值

经宝瓶口流出的内江水为成都平原提供了可靠水源，将水资源的价值发挥到极致。历朝历代的人们将内江一分为二、二分为四。蒲阳河、柏条河、走马河、江安河等4条干渠在平原地带发散开来，被细分为更多、更小的水渠，纵横交错、密如蛛网，构成放射状灌溉系统，促进农业、商业的繁荣，使成都平原成为西部地区的贸易中转站。曾有这样一句谚语流行于民间：搬不完的灌县，填不满的成都。

4．社会价值

都江堰水利工程不仅保障了灌溉用水，还保障了成都平原千万人的生活用水，以及城市工业用水、环境用水。散布在精华灌区的川西林盘是人们幸福生活的美好家园，成为天府文化、成都平原农耕文明和川西民居建筑风格的重要载体。

5．文化价值

都江堰水利工程不仅是一座水利枢纽，也是一种文化标识。"道法自然、天人合一"是都江堰治水文化的思想内核，"乘势利导、因时制宜"是都江堰治水文化的实践原则。在都江堰治水实践中，在造福万代的都江堰治水文化的价值追求下，历代堰工心怀苍生，形成"尊重自然、崇尚科学、开拓创业、勤政务实、为民造福、忠于职守"的堰工精神，成为都江堰治水文化的精神动力。珍水惜水、世代传承构筑起了都江堰治水文化的社会基础，民间也围绕都江堰水利工程形成了丰富多彩的民风民俗。

6．管理价值

从汉朝由郡守府水利官员对都江堰水利工程进行管理到三国时期诸葛亮首设堰官对都江堰水利工程进行专管，此后历朝历代，政府官员都直接参与都江堰水利工程的督修管理，专管制度一直延续至今。

① 管理统一。从有司分管到成立专职管理机构，渠首和干渠体系由专管机构负责，支渠由地方管理，支渠口以下由群众民主管理。当前，四川省都江堰水利发展中心负责整个工程的统一管理和水资源的统一调度。

② 运行规范。在长期实践中，人们总结出一系列治水经验、程式、准则，如治水"三字经"（见图9.2），这些经验、程式、准则简明扼要、浅显易懂，既有利于历代管护者沿袭，又有助于普通劳动者遵守。"岁修"制度自宋朝创立，一直延续至今。

③ 依法治水。三国时期颁布第一部都江堰防洪法令——《诸葛亮九里堤令》，宋朝颁布《蜀江修堰禁约》，清朝设立水利衙门，该衙门兼有司法、行政

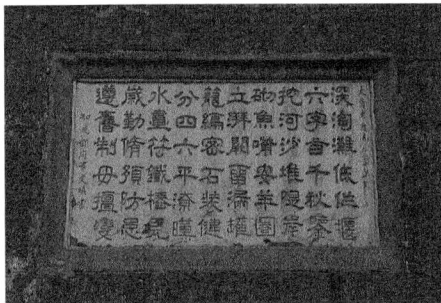

图9.2　二王庙石壁上的治水"三字经"

之责。1997年，《四川省都江堰水利工程管理条例》颁布实施，2019年经四川省第十三届人民代表大会常务委员会第十四次会议修订，这标志着都江堰水利工程迈入了法治化管理的新阶段。

7．生态价值

都江堰水利工程的建造遵循岷江来水规律、泥沙运动规律、河道演变规律，把握自然地理及季节特点，充分利用山形地势，坚持顺应引导而不是阻碍对抗，同时，就地取材，采用竹笼、杩槎、羊圈、干砌卵石等传统堰工技术，避免对环境造成破坏，使得灌区水系纵横交织、

互连互通，呈现出"水绿天青不起尘，风光和暖胜三秦"的美丽景象，构建起了农、林、牧、草、渔业协调发展的生态系统。这种基于"道法自然"的建设方式、臻于"天人合一"的至高境界，使工程与自然环境浑然一体，展示出跨越时空的人水和谐共生画卷，成为集真、善、美于一体的人类智慧结晶。

从都江堰水利工程所体现的工程价值的综合性中我们可以明白，人类在工程实践中不能只考虑工程的技术因素，不能只追求经济利益。从生态整体主义的角度，人类应承认自然的内在价值并给予一定的尊重，将其纳入人类的道德关怀，遵循尊重原则、整体性原则、不损害原则和补偿原则等环境伦理原则，实现人与自然的和谐统一。都江堰水利工程无疑是治水哲学和技术相统一的一本生动的教科书。

9.1.3　总结与启示

始建于战国时期的都江堰，距今已有2000多年历史，是根据岷江的洪涝规律和成都平原的地势特点，因势利导建设的大型生态水利工程。其不仅造福当时，而且泽被后世。

1. 坚持造福人类和保护自然相统一

在2000多年的都江堰治水实践中，人们因势利导，以最小的工程量成功解决了引水、泄洪、排沙等一系列技术难题。因势体现了建造都江堰时对自然的尊重和敬畏，利导体现了在尊重自然规律的基础上对自然的利用和改造。都江堰水利工程在"兴利除害"的同时，注重"人水和谐"，不断改善和优化灌区自然生态环境，将工程本身融为自然景观及生态系统的有机部分，达到"水利"与"利水"兼得，展现了人与自然和谐共生的治水哲学。

2. 坚持顺应自然和改造自然相统一

都江堰水利工程的建造遵循"道法自然"的工程观，人们在修建过程中充分利用周围的地形，把握岷江河道、水流、泥沙等自然规律，通过鱼嘴、飞沙堰、宝瓶口等三大主体工程调动水流、引导泥沙，使自然规律为人们所用，达到兴水之利、除水之害的目的，使都江堰水利工程呈现出"亲自然"的特征。步入新时代，在利用现代科技造福人类的同时，我们应尽量对自然施加正面效应，使水利工程成为利用自然、修复自然、保护自然的基本支撑。

3. 坚持造福当时和泽被后世相统一

人类社会发展离不开对自然资源的开发利用。工程造福人类体现在两个方面，一是确保公众的安全、健康、福祉，二是引导人们敬畏自然、顺应自然，实现人类社会可持续发展。衡量一项工程的价值，既要看它作用于空间范围的效应，也要看它在时间跨度上可持续利用的效果。为此，我们首先要从观念上改变对自然的态度，充分理解自然规律，在尊重自然规律的情况下，通过工程活动实现人与自然的协同发展。

4. 坚持历史传承和时代创新相统一

2000多年来，都江堰水利工程顺应时代变迁，人们不断优化布局、创新水利技术、变革管理体制，将守正创新精神贯穿创造水利新辉煌的全过程，不断探究都江堰水利工程所蕴含的生态智慧和治水哲理，构筑起"人与自然的生命共同体"。

"东流不尽秦时水，润泽天府两千年。"今天的都江堰水利工程已不只是一项工程，更是人与自然和谐共生的光辉范例，是我国水利史、科技史上的一座丰碑，是人类文明史上的一大奇迹。

9.2
港珠澳大桥案例

9.2.1 案例概述

港珠澳大桥（见图9.3）是一座连接香港、广东珠海和澳门的桥隧工程，位于中国广东省珠江口伶仃洋海域内，东起香港国际机场附近的香港口岸人工岛，向西横跨伶仃洋海域连接广东珠海和澳门人工岛，止于珠海洪湾立交。该桥全长55千米，不仅是我国首次采用120年建设标准建设的超大型跨海交通工程，也是当今世界上规模最大的桥岛隧集群工程。

港珠澳大桥于2009年12月15日动工建设，在建设的过程中，项目团队遇到前所未有的困难：①港珠澳大桥地处外海，其海洋气候和海底地质条件复杂多变；②港珠澳大桥穿越广东珠江口中华白海豚国家级自然保护区（见图9.4），对中华白海豚等世界濒危海洋哺乳动物造成威胁；③我国缺乏海底沉管隧道的建造经验，加之大桥建设初期面临国外技术封锁，以及建设中期许多国外技术经验不适用于实际情况，中国工程师面临巨大的挑战。

图9.3 港珠澳大桥　　　图9.4 港珠澳大桥建设涉及的中华白海豚国家级自然保护区

1. 沉管预制厂选址

港珠澳大桥沉管隧道是我国建造的第一座外海沉管隧道，沉管隧道是整个工程的核心，既可减少大桥和人工岛的长度，降低建筑阻水率，保持航道畅通，又可避免与附近航线发生冲突。因此，沉管预制质量直接关系到隧道结构耐久性及使用寿命。沉管预制工厂的选址是工程决策的重大课题。最初，项目团队从工程实施风险、自然环境、生产生活条件等方面综合考虑，选择了广州市南沙区龙穴岛作为沉管预制工厂。但是，珠海市人民政府出于当地社会经济发展需要，希望将工厂设在其辖区内的桂山岛，如图9.5所示。但此时的桂山岛是一座荒岛。

图9.5 沉管预制工厂的选址——桂山岛

项目团队为支持地方经济建设，最终选择桂山岛作为沉管预制工厂的地址。但这又带来新的问题：沉管预制有干坞法与工厂法两种方法，如果选用干坞法，需要在海岛上挖出一个面积超过10万平方米、深度近20米的巨型基坑，并将有2 000多人常年在基坑中工作，加之海岛的高温、高湿、高盐环境，基坑内通风条件差，施工人员在这样的环境下工作极易产生疲劳、焦虑等问题。项目团队由此变更建设方案，攻坚克难，因地制宜，利用地形条件，创新采用L形总体布局，采用工厂法建设了世界最大、最先进的预制工厂，成功化解了巨型沉管外海存放带来的巨大风险，利用先进装备和智能建造技术建造工业化流水线，作业场所从基坑换到了标准化的厂房内，这为施工人员创设了能专心工作的环境，为安全、优质、高效地预制沉管提供了保障。同时，工程践行绿色低碳建设理念，创新低热混凝土技术，减少二氧化碳排放量达27.5万吨。

2. 沉管安装

所谓沉管技术，是指在海床上浅挖出沟槽，然后将预制的沉管放置在沟槽内，再进行水下对接。港珠澳大桥海底隧道由33节沉管和接头对接而成，每节沉管重约8万吨，是世界上最重的沉管。港珠澳大桥33节沉管的安装历时4年，特别是第15节沉管（E15）的安装长达156天。

沉管安装通常需要在选定的窗口期内完成，窗口期是指72小时内海上的风、浪、流都在安全限值之内，一般每月只有一个窗口期。在E15的第一次安装过程中，沉管基床发生回淤，影响沉管对接精度，而此时沉管回拖没有窗口期。回拖一旦发生意外，不仅会产生上亿元的损失，而且可能堵塞航道，影响珠江口的航运，后果不堪设想。但项目团队在现场果断做出返航的决策，回拖时海上风力超过6级，返航过程中项目团队遭遇了安装沉管以来最为恶劣的海况，返航距离为12千米，但项目团队足足花费了24个小时。事后，项目团队先后4次进行现场调研，协调7家采砂企业、近200艘船舶、10 000多人，解决沉管基床的回淤问题。E15第二次安装浮运途中，沉管基床表面出现大面积的异常堆积物，项目团队不得不再次返航。项目团队最终历经3次浮运、2次回拖，才完成E15的安装。为了追回进度，项目团队在汛期和台风中两次实现了1个月安装2节沉管，创造了一年安装10节沉管的"中国速度"。外国同行对此非常感慨，因为在国外遇到这种情况，他们极大概率会停工，然后等待索赔。

3. 中华白海豚生态保护

岛隧工程的两个人工岛位于中华白海豚国家级自然保护区，传统大挖大填方法无法满足工期和保护环境等要求。因此，项目团队采用钢圆筒快速筑岛技术，即将直径22米、高50米的120个钢圆筒打入海底并连接起来，再在其中填充沙子，从而修筑人工岛。同时，在人工岛修筑过程中，项目团队采取一系列生态保护措施，保护中华白海豚和海洋环境，减少工程对海洋水文和生物资源的不利影响。大桥管理局借鉴先进的管理理念和做法，设置专门的安全环保部，创造性地引入环保顾问咨询团队，建立健全环保监管机制，借助专业技术力量，对施工单位的环境保护工作实施综合监督管理，定期评估工程对生态环境和中华白海豚造成的影响。在港珠澳大桥主体工程的每一条施工船上，都安排有一个特有的持证上岗岗位——中华白海豚观察员。一旦中华白海豚出现在中华白海豚观察员的视野中，根据"500米以内停工观察，500米以外施工减速"的原则，大桥建设必须为中华白海豚"让路"。例如，2011年的一天，东人工岛正在开展砂桩作业，中华白海豚观察员发现岛旁500米内出现了两头中华白海豚，迅速通知砂桩作业人员停工，结果这两头中华白海豚在该海域"玩"了4个多小时，砂桩作业人员足足等了4个多小时才恢复施工。5—6月为中华白海豚的繁殖期，为了减少噪声，大桥建设在这两个月全部停止钻孔作业。

据不完全统计，港珠澳大桥主体工程自建设以来，直接投入的中华白海豚生态补偿费用为

8 000万元，用于施工中相关监测的费用为4 137万元，环保顾问费用为900万元，渔业资源生态损失补偿费用约为1.88亿元，有关环保课题研究费用约为1 000万元，其他费用约为800万元，上述费用共计约为3.36亿元。最终，工程实现海洋环境"零污染"、中华白海豚"不迁移、零伤亡"的目标。

港珠澳大桥创造了超大型复杂跨海工程保护生态、创新技术、优化选择方案的范例。2017年7月7日，历经13年论证、设计和施工的港珠澳大桥实现主体工程全线贯通，至此，一桥跨越粤、港、澳三地，构筑成"粤港澳大湾区"城市群空间结构的新骨架。2018年10月23日，港珠澳大桥宣布正式开通。

2018年，港珠澳大桥工程获《美国工程新闻纪录》评选的"2018年度全球最佳桥隧项目奖"、国际隧道协会评选的"2018年度重大工程奖"及英国土木工程师学会期刊（*New Civil Engineer*）评选的"2018年度隧道工程奖（10亿美元以上）"。2019年，港珠澳大桥珠海口岸工程获"中国建设工程鲁班奖（国家优质工程）"。2020年，港珠澳大桥获2020年国际桥梁大会"超级工程奖"。2021年6月，港珠澳大桥被中共中央宣传部命名为"全国爱国主义教育示范基地"。2022年4月，港珠澳大桥荣获国际焊接学会大奖，这是继2008年北京奥运会主体育场"鸟巢"工程之后，中国再一次获得国际焊接最高奖项。

9.2.2　伦理分析

工程是一个汇聚科学、技术、经济、政治、法律、文化、环境等要素的系统，工程活动深刻影响着人们的生存状态，工程伦理在其中起到了重要的定向和调节作用。在建设岛隧工程的过程中，对于工程如何成为"好的工程"，工程师等行为主体在面临风险、困境时如何"正当行事"，工程伦理均能够给出有效引导。

1. 工程师的伦理责任

在大型复杂工程的建设中，工程师经常面临"做正确的事情"和"做好的事情"的困境，"做正确的事情"和"做好的事情"有时候是统一的，有时候是冲突，甚至是对立的。港珠澳大桥的工程师在"做正确的事情"的基础上，做了一些超出合同、超越标准，旨在履行职业责任、做"好的工程"的选择。

例如，中国这一世界级超级工程中的沉管的设计、生产和安装技术都实现了一系列创新，这些都是由中国工程师完成的。项目团队在E15安装过程中，当安装精度达不到要求时，坚持120年建设标准，选择重新安装。当面临工程困境时，工程师依据伦理标准和技术标准，选择以国家利益为先，对施工人员给予人性关怀，直面世界工程难题，运用专业知识，实事求是，正确认识和处理风险与不确定性，勇于承担处理过程中发生意外风险的责任，用心处理每个细节，追求极致，在工程建设困境中寻找"最优解"，实现工程、社会、环境、劳动者等各方利益的最大化。

2. 工程共同体的伦理责任

工程实践是一种集体行为，建立在集体智慧和协作的基础之上。现代工程的每一个项目背后都有着强大的团队。团队成员相互依存，同舟共济，互相敬重，彼此宽容，尊重个性的差异，共享利益和成就，共担责任。港珠澳大桥的建设充分体现了团队的合作精神。

例如，在沉管预制工厂的选址中，项目团队面临决策困境。最初，项目团队从工程实施风险、自然环境、生产生活条件等方面综合考虑，选择在广州市南沙区龙穴岛建设沉管预制工厂。但是，珠海市人民政府出于当地社会经济发展需要，希望将工厂选址调整到其辖区内的桂山岛。选在桂山岛建设沉管预制工厂的好处在于：①利用海中孤岛建厂，避免占用大量珠江沿岸宝贵的土地资源；②与沉管安装地点的距离减少近20千米，避免因沉管浮运长时间占用主航道而对社会民生造成影响；③支持了珠海地区经济的发展。其弊端在于：①桂山岛处于伶仃洋台风敏感区，灾害性天气对工程的影响变得突出；②巨型沉管海上存放风险大；③在无水无电无路的无人岛建设世界最大的沉管预制工厂，各项保障问题变得复杂；④数千人数年在孤岛环境作业，队伍的稳定性会受到巨大的影响。最终，从支持地方经济发展的角度出发，项目团队选择调整厂址。项目团队以人为本，取得了大型土木工程工业化制造技术的重大突破，沉管预制质量达到世界领先水平，为建成世界最长的滴水不漏的沉管隧道打下了坚实基础。

项目管理者将其伦理素养，如担当能力、对国家和企业的忠诚，都潜移默化地隐含在其下达的各种指令之中，形成建设一流工程的内在驱动力量。监理单位监督工程的质量和进度，确保工程按期按质完成，同时，还监管工程对环境造成的影响，及时制止不当行为，实现生态保护目标，树立生态环保新标杆。

奥、港、澳三地政府从工程实际出发，不断通过法律、法规、政策的调整，消除恶性竞争，为工程项目创造健康、和谐、公平的大环境。E15的安装本来与政府没有直接关联，但政府打破按程序办事的惯例，使自身成为责任直接相关方，积极协调工程建设中的利益关系，妥善处理利益相关者的利益损失。

社会主义核心价值观引导工程共同体遵循"好的付出有好的回报"的基本精神，引导企业提升伦理素养，实现企业盈利与诚信、忠诚和责任的统一。采砂企业在政府的协调下积极合作，使工程得以顺利推进。

3. 生态伦理

港珠澳大桥管理局及大桥建设者高度重视海洋资源与海洋生态环境保护工作，从方案设计到施工建设，从工程管理到技术研究，不断强化生态管控与能力建设。港珠澳大桥的建设以"环保先行"为理念，项目团队在项目论证阶段相继开展了环境影响评价、海域使用论证、中华白海豚保护、海洋倾倒区选划、防洪评价等环境保护专题研究，召开了大大小小上百场评估会、论证会，证明了建桥技术可行、对环境没有颠覆性影响，这为其后的设计阶段和建设阶段有效预防和控制海洋环境污染、保护中华白海豚奠定了基础。例如，在开展工程对中华白海豚造成的影响的专题调研时，研究人员300多次出海跟踪，拍了约30万张照片，对当时保护区内近1 200头中华白海豚进行了标识。

在建设阶段，施工单位严格遵照中华白海豚国家级自然保护区管理局的要求，办理施工许可备案。大桥建设吸收国内外先进技术，创新施工工艺和工法，在施工方案中融入生态环保的元素，提高作业效率，缩短海上施工时间，减少占用的海域面积。为了保护中华白海豚，施工单位工人上岗前必须参加培训，尽量避免在中华白海豚繁殖高峰期进行大规模疏浚、开挖等容易产生大量悬浮物的作业，实现大桥建设零伤害、零事故、零污染。

在大桥运营阶段，港珠澳大桥管理局遵循"绿水青山就是金山银山"的理念，与海洋、环保主管部门合作开展环保活动，对港珠澳大桥主体工程及附近区域的水、气、声环境和中华白海豚进行持续有效的监控，通过科学地开展生态修复工作，修补由于港珠澳大桥建设而损失的海洋生物资源，对人工岛的生态环境进行改善，为海鸟提供栖息场所。由此可见，港珠澳大桥在工程的每个环节都承担了环境伦理责任。

9.2.3 总结与启示

当在工程活动过程中面临社会、环境等方面的多重困境时，工程人员仅遵守合同或许能建成工程，但未必能建成"好的工程"。港珠澳大桥的建设以工程伦理为引导，探求符合实际和绿色可持续发展要求的最佳行为，最终促使工程建设获得了更佳效果。港珠澳大桥不仅是中国由桥梁大国迈向桥梁强国的里程碑，还是一座代表人类与海洋和谐相处的丰碑。

港珠澳大桥的建设创下多项世界之最，体现了我国强大的综合国力、自主创新能力，体现了我国勇创世界一流的民族志气。这是一座圆梦桥、同心桥、自信桥、复兴桥。大桥建成通车充分说明社会主义是干出来的，新时代也是干出来的！我们更加坚定中国特色社会主义道路自信、理论自信、制度自信、文化自信。对港珠澳大桥这样的重大工程，既要高质量建设好，全力打造精品工程、样板工程、平安工程、廉洁工程，又要用好、管好，使其为粤港澳大湾区的建设发挥重要作用。

港珠澳大桥承载着粤、港、澳三地深度合作和共同发展的美好愿景，极大地方便了三地的交通，对保持香港、澳门长期稳定与繁荣具有重要的意义。同时，港珠澳大桥在建设过程中始终秉持绿色发展、生态优先的理念，创新各种技术手段，减少对环境的影响，打造绿色环保示范工程，成为未来工程建设的普遍范式。

9.3

垃圾焚烧厂案例

9.3.1 案例概述

在浙江省嘉兴市南湖区大桥镇花园村坐落着一家垃圾焚烧厂。该厂于2004年建成，随着时间的推移，生产设备和技术都已过时，飞灰和渗滤液大量堆积，烟气排放指标超标。"味道重，粉尘重"严重影响当地居民的生活，居民们也因此怨声载道，中央生态环境保护督察组屡次责令相关单位整改。

2019年7月9日，嘉源康恒环境有限责任公司（简称"嘉源康恒"）正式承接该垃圾焚烧厂改造项目。"好是好，但不要建在我家后院。"当地居民听说垃圾焚烧厂要改造，普遍存在担忧、顾虑甚至反对，认为该项目会对原本就恶劣的环境造成更为严重的影响。嘉源康恒了解情况后，充分发挥国企的责任担当和党建引领作用，以打造国际一流、国内领先的现代化生态环保示范项目为目标，抽调多名党员干部入驻该项目，并组成攻坚克难小组，大力开展技术"大改造、大提升"攻坚行动，以新时代"网格连心、组团服务"为工作载体，系统谋划并推进该项目。

首先，为了减少当地居民对项目的抵触心理，改变当地居民对项目"脏、乱、差"的传统认识，在项目建设前期，嘉源康恒通过"网格连心、组团服务"这一载体，连同科技城、花园村工作人员一起走村入户，走访居民516户，充分了解民意诉求。同时，嘉源康恒先后组织6批次共130名当地居民参观国内一流的垃圾处置发电项目——康恒宁波项目，让他们实地了解现代环保项目成果，让大家逐渐对垃圾焚烧厂改造项目产生期待。

其次，嘉源康恒成立辨味党员巡查小组，在集镇范围内设立7个观察点，24小时巡查，每隔2小时打卡闻臭并及时记录、报告。同时，嘉源康恒建立社区共建结对帮扶机制，为当地居民发放186张企民联系卡，聘请了部分居民代表作为企业的环境监督员，让居民参与常态化监督，并定期就工程建设及周边环境保护等问题与居民进行座谈。此外，嘉源康恒还开通群众投诉热线，接受群众的监督，让居民切实感受到嘉源康恒对项目改造的决心和信心。

在项目的改造和升级方面，垃圾焚烧厂内设置了3台当时国内最先进的康恒机械炉排炉，烟气净化系统采用当时国际最先进的"七步法"组合工艺，以全面提升垃圾焚烧过程中的环保指标，使排放指标优于国家标准和欧盟标准。通过技术手段，渗滤液问题也得到了妥善解决。

项目建成后，垃圾焚烧厂为周边社区提供集环保示范、循环经济、工业旅游、党建教育于一体的环保科普教育基地，并推行公众监督员和公众开放日制度。通过实地参观、现场聆听讲解演示等方式，当地居民在收获环保体验的同时，也行使了知情权、参与权和监督权，这有利于促进共建、共治、共享，将"邻避"项目变为"邻利"项目，持续提升当地居民的安全感和满意度。

在党建的引领下，仅用2年时间，曾经异味扰民的垃圾焚烧厂华丽变身，实现了市本级全部生活垃圾"无害化、资源化、减量化"处理。生活垃圾焚烧处置效率大幅提升，脏乱差的厂区被打造成富有地域特色和当代性的工业建筑新形象，成了城市地标，如图9.6所示。垃圾变废为宝，1吨垃圾产电500千瓦时。当地居民也从最开始的怨声载道、满腹疑虑，到现在的广泛称赞。

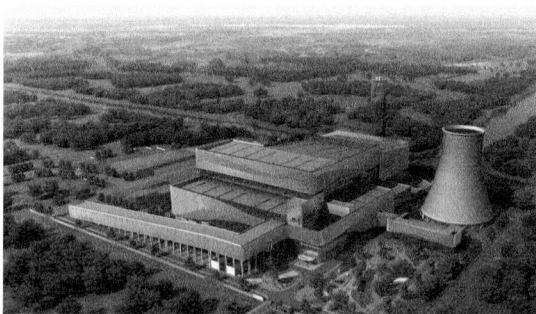

图9.6　改造升级后的垃圾焚烧厂

2021年，嘉源康恒启动"AAA级生活垃圾焚烧厂"创建工作，以使生活垃圾无害化处理达到国内领先水平。嘉源康恒将不断引进节能减排新技术和新工艺，采取降耗措施，建立大数据中心，融入人工智能及工业互联网技术，有效提高作业效率及运营可靠性。

9.3.2　伦理分析

下面针对垃圾焚烧厂项目本身的特征，从技术伦理、责任伦理、利益伦理和环境伦理4个维度展开分析。

1. 技术伦理

遵循技术伦理的目的是将技术和伦理结合，防止技术的滥用。垃圾焚烧厂的技术伦理主要表现在在垃圾焚烧厂的开发和使用过程中垃圾焚烧的工艺流程是否合理，焚烧设备是否安全，烟气、飞灰、渗滤液等问题的处理技术是否先进。垃圾焚烧厂项目虽然在一定程度上保证了废物的再循环利用，不仅解决了垃圾围城的现象，还使得能源实现二次利用，但相应的技术要求较高，否则容易造成二次污染。因此，我们需要从技术伦理的角度对垃圾处理技术的先进性和可靠性进行评判。

（1）在技术设计的过程中融入伦理理念

在垃圾焚烧厂项目的规划设计中，项目团队遵循以人为本的原则，将绿色环保、公众安全等伦理理念融入其中，选用合理的工艺流程，使厂区布局与建筑造型经济美观，避免损害利益相关者的权益。同时，采取以预防为主的原则，充分预见项目在运行中和运行后可能产生的负面影响并制定有效合理的解决方案，例如，渗滤液及污水处理方案、炉渣处理方案、臭气密封方案等。

（2）革新技术，提升技术成熟度

项目团队致力于革新技术，提升技术的成熟度，着重处理臭气、渗滤液、飞灰固化等技术难题，确保技术先进可靠，系统符合要求，以保证周边的环境质量。

（3）保障设备安全

各机器质量符合技术标准，安全性符合相关规定，在性能上不夸大宣传。设备不超标准（超负荷、超载、超保质期）运行，及时检修。除了制度建设和技术上的监管措施之外，项目团队还从技术伦理角度解决相应的思想观念和行为规范问题，一旦出现严重问题，及时采取善后措施，包括临时停工、现场更换等措施。

（4）开展有效的技术伦理对话

通过不同技术领域的专家之间、技术专家与伦理学家之间、技术专家与政府管理部门之间、技术专家与公众之间的对话，项目团队建立起技术伦理评估体制，以改善技术决策。

2. 责任伦理

垃圾焚烧厂的责任伦理实际上是贯穿工程伦理评估全过程的一个重要方面。工程的责任伦理主体不仅包括工程活动的主体，还包括工程活动内外的相关者，因此，垃圾焚烧厂的责任伦理评估涉及每个主体的责任，每个主体的责任都体现着工程伦理的理念。垃圾焚烧厂的责任伦理主要体现在以下几个方面。

① 企业的责任。企业在开展工程活动的整个周期，考虑公众的利益，及时发现制度漏洞，制定和完善相关制度，健全应急管理体系，完善应急机制预案；同时，提升管理人员的领导力和处理工作问题的能力，以及专业人员的应急处置能力。

② 工程师或技术人员的责任。他们根据项目的目标和约束条件，制定实施方案，对工程质量和安全负重大责任。他们在垃圾焚烧厂项目中严格要求自己，遵循伦理原则和职业道德规范，运用道德良知，自觉履行自己的伦理责任。

③ 政府的责任。政府完善政策环境，在决策时做到尊重客观事实，在组织工程活动时做到不徇私枉法，加强监督和管理，不断提升自身的公信力。

④ 公众的责任。公众尽管没有表决权，但仍然有责任参与工程实践活动。在这个过程中，公众对待项目展现出正确的价值观，积极了解项目涉及的法律法规、环境保护、市场需求、审批流程等事项，助力社会经济效益和环境效益的提升。

3. 利益伦理

工程活动不仅仅是一项技术活动，同时也是一项经济活动。垃圾焚烧厂的利益伦理主要体现在工程在建设和使用过程中是否对行业、经济、社会产生影响。例如，是否会导致当地居民的收益发生变化，受损居民是否得到补偿，利益分配是否科学合理，对周边房屋价值是否产生影响，等等。

考虑到垃圾焚烧厂在生产和使用过程中对操作者、消费者、企业经营者、自然环境、社会生活等方面的影响，项目团队要协调经济效益和社会效益的关系。垃圾焚烧厂项目的推进可能给企业和政府带来可观的效益，但公众可能要遭受环境污染的危害。因此，项目团队坚持以人为本的原则、整体主义原则，从整体上维护人类利益和生态环境，防止项目无序发展，合理协调人类共同利益与国家利益、集体利益与个人利益的关系，公正对待工程活动中的利益之争，配套一系列公共设施服务及社会治安的政策制度，妥善处理"邻避效应"，让当地居民从项目建设所带来的就业和培训机会中受益。

4．环境伦理

垃圾焚烧厂的环境伦理主要聚焦在对环境的污染。针对环境问题，可采取以下措施。首先，贯彻"环保优先、生态优先"的理念，严格执行项目环境影响评估制度，让项目达到环保要求。其次，有效解决垃圾焚烧厂建设导致的环境污染给当地居民带来的影响。在项目建设过程中，避免噪声、震动影响居民休息，避免周边房屋因地面沉降而损坏；项目建成运行后，确保垃圾焚烧厂产生的烟气、渗滤液、恶臭污染物、飞灰、炉渣等符合排放要求。最后，创新激励机制，增强公众的环境保护意识，发挥公众的民主监督功能，推动环境改善。

9.3.3 总结与启示

日常生活中会产生大量的垃圾，如果不对这些垃圾进行有效的处理，将会极大地影响人们的生活环境，甚至会对人们的身体健康造成威胁。垃圾焚烧厂能把生活垃圾转化为清洁能源，变废为宝，产生明显的经济效益。例如，垃圾焚烧后所产生的热能直接为附近住户供热供电，炉渣和飞灰可作为城市路面沥青使用。然而，任何工程的建设都不可避免要排放一定的废弃物，因此，工程人员应本着满足"人民群众对美好生活的向往"的初心，充分利用"实践智慧"，从伦理角度敏锐地意识到技术所带来的正负两方面的影响，根据新情况，基于伦理原则和道德规范，及时采取最恰当的对策，并加强宣传，增加公众的环保意识，发挥公众的民主监督功能，变"邻避项目"为"邻利项目"，让垃圾焚烧厂成为花园式工厂、公众环保科普教育基地、工业旅游地，助力城市实现跨越式发展，让项目真正"绿起来"，这对于推动中国工程事业的健康发展具有重要的意义。

9.4

无人驾驶技术案例

9.4.1 案例概述

无人驾驶汽车是运用无人驾驶技术的车辆，主要包括感知、决策、执行三大基本功能。无人驾驶汽车在国际上有着严格的层级标准，如表9.1所示。从表9.1可知，随着无人驾驶层级的提高，人类驾驶员在车辆行驶过程中的操作比重逐级降低。本节主要讨论的是L4和L5层级无人驾驶汽车所使用的无人驾驶技术。无人驾驶技术是集传感器、计算机、人工智能、通信、导航定位、模式识别、机器视觉、智能控制等多学科知识和技术于一体的综合技术，该技术对于改善车辆驾驶性能、减轻人类驾驶员的劳动强度、降低交通事故发生率等有无可比拟的优势。

表9.1 无人驾驶汽车的层级标准（美国汽车工程师学会）

层级	名称	特点
L0	无自动化	一切驾驶操作均由人类驾驶员完成，但车辆可以提供警告和保护的辅助功能，如紧急制动
L1	辅助驾驶	系统对车辆有主动操控行为，提供自适应巡航、自动紧急刹车、车道偏离预警等辅助功能，但人类驾驶员同时只能选取一项功能，仍然需要对驾驶过程的绝对安全负责
L2	部分自动化	系统可在特定条件下同时实现自动跟车、自动刹车等多项功能，但仍由人类驾驶员完成其他大多数驾驶动作
L3	有条件自动化	一定条件下车辆可以运行无人驾驶模式，且由无人驾驶系统完成所有驾驶操作。但人类驾驶员需保持警惕，以便接手处理系统提示或警告后的突发状况
L4	高度自动化	车辆由无人驾驶系统完成所有的驾驶操作，人类驾驶员既可以选择解放双手，也可以随时接管车辆。通常，人类驾驶员只在极其特殊的情况下才接手车辆管理
L5	完全自动化	无人驾驶系统不受任何不利因素的影响，无论何种道路、何种环境、何种场景，无人驾驶系统都能在没有人类驾驶员的干预下完成所有驾驶操作

2011年，谷歌公司开始在内华达州对旗下的无人驾驶汽车进行实路测试。2012年，谷歌公司的无人驾驶汽车取得了美国首个无人驾驶汽车的许可证，内华达州成为美国第一个允许无人驾驶汽车上路的州。此后，美国加利福尼亚州等也对无人驾驶汽车的试行颁布法规。美国也从国家层面制定《无人驾驶法案》，以统一各州之间关于无人驾驶汽车立法的不同。

在德国，2017年6月，德国联邦参议院修订了现有的《道路交通法》，并将无人驾驶汽车引入其中，建立了较为完善的权责制度，并允许各大汽车公司在遵守一系列特定条件的情况下进行无人驾驶汽车的道路测试。除了美国、德国外，瑞典、英国、日本等国也纷纷大规模启动了无人驾驶汽车的测试计划。

在中国，百度公司于2013年开始研发无人驾驶汽车，2017年4月对外发布"阿波罗计划"。2017年7月，百度公司创始人李彦宏乘坐自家研发的无人驾驶汽车在北京五环上行驶。同年12月，北京市交通委员会印发了国内第一个关于无人驾驶汽车的管理规范，为北京市的无人驾驶汽车路试做出了相关规定。2018年4月，国家相关部门从国家层面首次发布了无人驾驶汽车路测文件，这体现出我国对无人驾驶汽车的高度重视和支持。自2020年10月11日起，百度公司利用阿波罗约车平台在北京市全面开放出租车服务。北京市民可在北京市经济技术开发区、海淀区、顺义区的无人驾驶出租车站点直接下单，免费试乘无人驾驶出租车，享受无人驾驶服务。2021年2月，武汉市面向市民开展无人驾驶出租车免费试乘活动。

然而，目前无人驾驶汽车在运行时还需配备安全员，以便准备随时接管汽车以解决机器难以应对的问题。例如，2016年1月20日，京港澳高速河北邯郸段发生一起追尾事故，一辆特斯拉汽车与一辆正在作业的道路清扫车相撞，该事故导致特斯拉汽车司机不幸身亡。后经事故调查，特斯拉汽车在发生事故时正处于无人驾驶模式。当地时间2018年3月18日晚，美国亚利桑那州坦佩市发生了一起无人驾驶汽车事故，一辆正处于无人驾驶模式的汽车与行人发生碰撞，导致行人不幸死亡。据调查，行人当时正在横穿马路，但处于无人驾驶模式中的汽车并没有减速刹车。这次事故也被认为是全球首例无人驾驶汽车致行人死亡的事故。由此可见，无人驾驶技术还尚未完全成熟，还需要通过路试不断优化。

9.4.2　伦理分析

1. 无人驾驶技术的伦理问题

（1）隐私泄露

无人驾驶汽车依赖互联网、大数据、云计算、人工智能、物联网等信息技术感知道路环境，获取精准的道路信息，并进行行驶路径规划和导航。为了确保行车安全，无人驾驶汽车需要对车内外的情况进行实时监控，如天气状况、道路状况和临时突发情况等，并记录相关数据，而这种监控与记录对于乘客而言是不能拒绝的。同时，无人驾驶汽车也承载着乘客大量的隐私信息，如位置信息、常用出行地点和目的地、个人信息等。不法分子通过窃取、分析这些隐私信息，可以推断出乘客的状态。

（2）人的生命安全

安全性是无人驾驶汽车发展中存在的最重大的风险。这种风险直接威胁到人的生命安全，违反了保证人类健康、安全、福祉的工程伦理准则。在高层级无人驾驶模式中，驾驶员无须控制车辆，此时车内人员的生命安全则托付于无人驾驶系统，但人们永远不知道自动行驶的车辆在下一秒是否会出现系统故障或零部件故障。此外，无人驾驶系统也容易成为黑客的攻击对象，一旦被黑客攻击成功，无人驾驶汽车就变成其手中得力的犯罪工具。

无人驾驶汽车的发展难以绕开"电车悖论"。例如，无人驾驶汽车在行驶过程中，突然前方有人闯入，这时无人驾驶汽车已经无法及时刹车，你将面临两种选择，要么继续前进碾压行人，要么牺牲自己及车内的乘客转向一侧的墙体。面临这种情况，你将如何进行选择？若行人是天真无邪的孩子，你又将做出何种选择？

车辆企业若不公布无人驾驶汽车的道德决策设置，那么公众将失去知情权，企业则会受到道德质疑，公信力下降；若车辆企业公布无人驾驶汽车的道德决策设置，无论何种设置都会遭受公众的道德批判，直接影响企业的形象与经济利益。

（3）伦理责任空白

汽车在人工驾驶模式下，排除车辆本身的缺陷，如果事故是由驾驶员的操作引发的，则驾驶员承担事故责任，责任承担者是非常明确的。在无人驾驶汽车上，车辆的行驶由驾驶员和无人驾驶系统同时掌握，随着无人驾驶层级的提高，驾驶员将车辆的控制权让渡给无人驾驶系统，驾驶员的角色从掌控者转变为旁观者。由于角色与责任联系在一起，当驾驶员的掌控者角色随着无人驾驶层级的提升而逐步减少甚至消失，其责任也会减少或消失，而减少或消失的责任应当由无人驾驶系统，即车辆本身来承担。当无人驾驶汽车发生事故，无人驾驶系统要承担责任时，大多数人认为无人驾驶系统与人类是一种从属关系，无人驾驶系统没有自我意识、情感和感悟能力，不能作为道德的主体，根据"道德物化"的观点，这个责任将由设计无人驾驶系统的工程师承担。因为无人驾驶汽车所做的一定程度上的自我决策和行动是设计无人驾驶系统的工程师通过编程来实现的，也就是说，这种决策行为其实是设计无人驾驶系统的工程师的道德体现，他们应当作为责任的承担者。如果人类将自身与无人驾驶系统视为同等关系，承认其是道德的主体，无人驾驶系统是否应该拥有和人类一样的权利呢？此外，如果无人驾驶汽车在发生事故时正处于无人驾驶模式，并且车内驾驶员无违规或不当操作，车辆企业是否应承担一定甚至全部的责任？

在无人驾驶的过程中，被撞到的行人、肇事车、坐在驾驶座位上的驾驶员、车辆企业分别扮演什么角色，应该负什么责任？由此看来，无人驾驶汽车事故存在分散责任或多人责任现象，即涉及众多责任主体，每个责任主体都负有一定的责任。而这种现象恰好引发了伦理责任空白，因为当事故责任落在任何一方身上时，根据人类的"趋利避害"心理，个人总会以法不责众或不公平、不合理等理由来逃避责任，这就导致人人负责演变为无人负责。这不仅是道德上的恶，更可能进一步产生危害公共安全的风险。

2. 无人驾驶技术的伦理问题成因

（1）技术的局限性

从技术层面来说，无人驾驶技术是一种人工智能技术。人工智能技术是指利用算法对数据进行处理，以模拟人类活动，让设备像人类一样进行理性思考并采取理性行动。但现有的人工智能技术还不够成熟，如不能精准识别微小物体，这会干扰无人驾驶汽车的识别系统，使得无人驾驶汽车在行驶过程中容易因系统误判道路信息而发生意外事故。同时，无法预测的零部件故障或无人驾驶系统故障也会导致无人驾驶汽车在行驶过程中出现异常操作，即便这种异常操作出现的时间十分短暂，但对于高速行驶的汽车而言，这足以导致交通事故的发生。

除此之外，无人驾驶技术还排除了紧急情况下人车切换的可能性。首先，紧急情况的发生在毫秒之间，人们不可能在这段时间内紧急接手操控汽车。其次，如果无人驾驶汽车能够预测紧急情况的发生并预留时间让驾驶员来接管，那么它一定能自行避开而不是交给驾驶员处理。最后，无人驾驶汽车的设计初衷之一是使人们解放双手、享受生活，人车切换的机制也显然有违其设计初衷，未来高层级的无人驾驶汽车内可能没有方向盘、刹车等部件。可见，在无人驾驶汽车的发展中，无人驾驶技术的局限性是引发各种伦理风险的主要因素之一。

（2）电车悖论的现实性

应用无人驾驶系统的必要条件是无人驾驶时发生事故的概率低于驾驶员驾驶。在无人驾驶过程中，无论是无人驾驶系统还是驾驶员都应该严格遵守现有的道路交通方面的法律。同时，人们也应明确无人驾驶汽车在遇到危急情况时的行为优先级，即以确保人类的生命安全为最高优先级。然而，无人驾驶汽车在"电车悖论"面前使人们面临新的伦理困境。例如，在对无人驾驶系统进行编程时，程序员应该采用哪种伦理立场，做出什么的道德决策？谁应该为无人驾驶系统负责？如果道德决策交由用户、工程师、生厂商、政府等众多利益共同体共同决定，大多数人都会为了个人利益固执己见，并在生死攸关的利益面前绝不让步，这样就难以达成共识，即使勉强达成共识也会导致责任伦理空白，因为每个利益相关者都应该负责，但他们往往都不负责。

（3）对技术价值负载的忽视

技术工具论深受无人驾驶系统的设计者和无人驾驶汽车的生产商的追捧，在无人驾驶汽车的生产活动中成为他们的价值观念。设计者和生产商的工作只是将技术运用好和将产品做好，无须考虑伦理道德维度的问题，这为其推卸责任提供了说辞。

技术决定论认为，成熟的无人驾驶技术具有自主性和独立性，这就使得无人驾驶汽车的生产者、无人驾驶系统的设计者、无人驾驶汽车的使用者将无人驾驶汽车的研发及使用过程与伦理道德截然分开，并将无人驾驶技术引起的负面后果归咎于技术的属性，即将无人驾驶汽车事故的责任主体定为无人驾驶汽车本身。技术决定论为人们逃避责任提供了借口及辩护的依据。

无人驾驶技术的核心是算法。由于算法由开发人员设计，某些价值和利益往往会被优先考虑，因此，算法不可避免地具有技术价值负载。当无人驾驶汽车在遇到无法避免的事故时，无人驾驶系统可能基于被撞者的个人信息（性别、年龄、身份、种族及身心健康等）而做出差异化行为，这时无人驾驶汽车所造成的伤害在某种意义上是有预谋的、故意的。无人驾驶汽车作为技术人工物，只是人类的道德执行工具，其行为是人类编程的结果。

（4）伦理规则缺失和法规的滞后

在智能时代，人类设计制造了无人驾驶系统，但它们的行为有可能不受人类的指令约束，它们会基于所获取的信息进行分析和判断。无人驾驶汽车可能已经不再是人类手中的被动工具，而成为人类的代理者。因此，伦理规则的缺失将导致无法保证无人驾驶系统的高效性和合理性的统一。

在无人驾驶的时代，主要根据驾驶员的过错划分责任的制度体系将被彻底颠覆，无人驾驶汽车在出现交通事故后首先要解决的问题应该是怎样认定责任及责任的大小，其次才是判断由谁来承担该责任。但遗憾的是，目前还没有一套完整的关于无人驾驶技术方面的法律体系。

9.4.3　总结与启示

交通工具的诞生使得人类从依赖自身过渡到创造工具并自觉地使用工具，以满足对远距离移动的需要。随着人工智能技术、大数据技术、网络技术等新兴技术的发展，无人驾驶汽车作为一种新型交通工具日益融入人类的日常出行。当无人驾驶汽车逐渐成为人类生活必不可少的一部分时，伦理问题也随之产生。因此，人们要有效防范无人驾驶汽车发展中的伦理风险，从而使无人驾驶汽车真正服务于大众，有益于人类社会。

1. 确定无人驾驶技术应用的伦理原则

（1）以人为本原则

以人为本原则强调人类发展无人驾驶汽车的宗旨是造福于人类。人类之所以要发展无人驾驶汽车，归根到底是为了提高生活水平，改善生活质量，从而促进人类的全面发展。在人类发展无人驾驶汽车的过程中，以人为本原则首先体现在人的生命价值高于一切，将保护人的生命安全和健康放在首位，以切实维护作为生命主体的人的生存和发展的权利；其次，以人为本原则体现在尊重人的自主权、知情同意权及隐私权等相关权利；最后，以人为本原则还体现在关注社会弱势群体，如残疾人、老年人等，帮助他们享用最新的科技成果，全面增进人类福祉。

（2）不伤害原则

所谓不伤害，是指不得侵犯一个人包括生命、身心完整性在内的一切合法权益。不伤害原则是人们首先要达成的最基本、最低限度的道德准则。不伤害原则不仅指对个人不伤害，还指对社会、生态、环境等不伤害。

在无人驾驶汽车的发展过程中，人们应树立维护人类尊严的伦理观，遵守不伤害原则，始终将保护人的生命摆在重要位置，不从事危害人的健康的技术设计、开发和测试，并有义务对无人驾驶汽车中隐含的伦理风险提出警示。

（3）预防为主原则

针对无人驾驶汽车发展过程中风险的不确定性，预防为主原则可指导管理者制定相应政策。在现实中，风险发生概率为零的工程几乎是不存在的，无论工程规范制定得多么完善和严格，仍然不能把风险发生概率降为零。无人驾驶汽车在其发展过程中总会存在一些所谓的"正常事故"。既然没有绝对的安全，无人驾驶汽车要达到什么程度才算是安全的就显得尤为关键。这就需要管理者对风险的可接受性进行分析，界定安全的等级，做好严格的风险评估，充分预见无人驾驶汽车的发展过程中可能产生的负面影响，并针对一些不可控的意外风险制定相应的预警机制和应急预案。同时，政府及相关部门应尽快制定无人驾驶汽车发展的法律法规及伦理准则，严格禁止未达到相关标准的无人驾驶汽车进入市场。

2. 建立无人驾驶技术的伦理决策机制

任何特定的伦理准则都有其局限性，人们的道德伦理标准各不相同，即使对于同一标准，不同的人的理解也不尽相同。伦理决策无论是由个人做出的还是由集体共同做出的，都应体现出使用者的伦理道德意志，即道德决策的行为过程由无人驾驶汽车做出，但其行为结果仍是使用者在法律允许范围内的道德意志的本能体现，与使用者的本能结果一致。因此，在无人驾驶汽车中，无论是自上而下的设计还是自下而上的设计都有局限性。研发人员要充分了解技术的特点、风险，将伦理考量融入研发的各个环节，将人类社会的法律、道德规范和价值评价标准嵌入人工智能的设计理念。例如，将大众一致接受的伦理原则，如不伤害原则、以人为本原则等自上而下地编入无人驾驶系统，而在法律允许的其他方面则采用自下而上的方式，让无人驾驶系统通过与用户之间的互动及对用户私人信息的获取等方式把握用户的道德偏好，在明确功能需求的条件下，合理安排系统伦理逻辑，做到人工智能技术过程可理解、结果可追溯。

3. 完善相关伦理规范和法律法规

新生事物的发展常常会遭遇立法和伦理滞后的困境，尽管技术不断创新发展是防范新生事物发生各类风险最直接有效的手段，但制定伦理规范和法律法规仍然是社会风险治理的重要手段，也是伦理和社会价值在人类世界中实现的主要方式。例如，2018年4月，《智能网联汽车道路测试管理规范（试行）》颁布，要求在正式法规或管理规范发布之前，禁止在公共道路上进行无人驾驶汽车测试，禁止无人驾驶系统收集个人隐私信息。2019年6月，国家新一代人工智能治理专业委员会发布《新一代人工智能治理原则——发展负责任的人工智能》，提出了人工智能治理的框架和行动指南，强调了和谐友好、公平公正、包容共享、尊重隐私、安全可控、共担责任、开放协作、敏捷治理等8条原则。2021年9月25日，该委员会发布《新一代人工智能伦理规范》，该规范旨在将伦理道德融入人工智能全生命周期，为从事人工智能相关活动的自然人、法人和其他相关机构提供伦理指引。该规范提出增进人类福祉、促进公平公正、保护隐私安全、确保可控可信、强化责任担当、提升伦理素养等6项基本伦理要求；指出在提供人工智能产品和服务时，应充分尊重和帮助弱势群体、特殊群体，并根据需要提供相应替代方案；同时要保障人类拥有充分自主决策权，确保人工智能始终处于人类控制之下。2022年，在瑞士日内瓦举行的缔约国大会上，我国裁军大使向大会提交了《中国关于加强人工智能伦理治理的立场文件》，该文件表明了我国始终致力于在人工智能领域构建人类命运共同体，积极倡导"以人为本"和"智能向善"理念，主张增进各国对人工智能伦理问题的理解，确保人工智能安全、可靠、可控，更好赋能全球可持续发展，增进全人类共同福祉。

4．明晰利益相关者伦理责任

工程师作为无人驾驶系统的设计者，具有一般人不具有的专业技术知识，这使得他们比其他人更加了解无人驾驶汽车的基本原理，能更准确、全面地预测评估无人驾驶技术的正面与负面影响。无人驾驶系统的设计者首要的伦理责任就是保证无人驾驶系统的安全性和可靠性，把追求科技进步、追求真理摆在首要位置，力求无人驾驶系统的设计万无一失，减少可预见的负面效应。同时，工程师就无人驾驶汽车在行驶过程中的驾驶决策提供合理的技术评估，以供政府、企业或者公众做出适当选择或调整，保障公众的知情权。

生产者应当注重企业安全文化的建设，提高全员的安全文化素质及营造安全文化环境，完善企业内部各项安全管理规章制度，落实安全生产责任制和责任追究制，着力提升无人驾驶技术的创新能力。同时，生产者应该树立一种技术忧患意识和社会责任意识，在出售无人驾驶汽车的时候，有义务向购买者介绍使用无人驾驶汽车所应该具备的一些基本素质和技能，同时还应该提供配套的训练，通过理论和实践的双重服务，来保障购买者的行车安全，以及避免无人驾驶汽车在行驶过程中伤害他人。此外，生产者应该自觉抵制经济利益大于一切的思想，加强伦理责任意识。

使用者作为无人驾驶汽车的使用主体，是影响无人驾驶汽车的发展进度和趋势的决定性因素。使用者应提升科技伦理素养与意识，主动了解、学习无人驾驶技术的相关知识，积极参与政府及相关管理部门的决策讨论，合理表达自己的意见，为无人驾驶汽车的发展奠定良好基础。

政府及相关部门作为监管者，首先要调动全社会科技创新力量的积极性，制定相应政策，甚至通过立法来规范无人驾驶汽车的创新模式和调整社会科技资源的配置。同时，无人驾驶汽车的发展涉及多方利益，政府及相关部门作为最重要的利益关系协调方，应该兼顾眼前利益与长远利益、个体利益与集体利益、使用者利益与生产者利益，公平公正地保障各方的正当利益诉求，在制定无人驾驶汽车发展规划及管理目标时，充分考虑各方利益关系，避免无人驾驶汽车的应用有利于一部分人，而对另外一些人形成负担或损害。

技术是为人类服务的，人类应用技术的目的是满足生产生活的需要。任何新技术的产生和发展都会对社会伦理造成一定的冲击和挑战，都需要伦理道德的制约。在发展无人驾驶技术的同时，我们应当构建完善的无人驾驶汽车伦理准则，坚持遵循以人为本原则，坚持从人的角度做出判断和取舍。

9.5

传音手机出海案例

9.5.1 案例概述

深圳传音控股股份有限公司（简称"传音"）成立于2006年，是一家从事以手机生产为核心、多品牌终端生产的高新互联网企业，旗下有 TECNO、itel及Infinix 三大手机品牌，同时涉及自主智能操作系统研发、数码配件、家用电器、售后服务、互联网广告及娱乐服务等领域。据统计，传音手机占据整个非洲大陆50多个国家和地区近一半的市场份额，并持续保持着在非洲市场的领先优势，被称为"非洲手机之王"。2019年，传音在科创板上市，被称为"科创板手机第一股"。

非洲大陆50多个国家和地区的民族、语言、文化等十分复杂，且经济发展水平相对较低，发展程度差异大，基站等通信基础设施建设滞后，手机普及率很低。因此，该地区很难引起众多手机巨头的关注和重视，而这恰恰给了传音这个新兴品牌难得的机遇。2008年，传音避开竞争激烈的国内和欧美市场，面向非洲市场推出TECNO和itel手机。

传音积极贯彻"全球化思维、本土化行动"理念，自2008年进入非洲市场后，经过10多年的发展，依托于移动互联网技术不断扩大业务范围。传音在2009年推出售后服务品牌Carlcare，设立众多网点以更好地为手机消费者提供服务；2013年，传音针对年轻时尚人群推出新手机品牌Infinix，进一步细分消费群体，满足不同消费群体的差异化需求；2014年，传音建立数码配件品牌Oraimo，销售品类包括手机壳、移动电源、数据线及智能手环等，这极大地扩充了传音的产品线。2015年，传音又建立了家用电器品牌Syinix，用低价策略销售家用电器，抢占非洲新领域市场。除此之外，传音针对非洲市场，对旗下智能手机还深入定制了智能操作系统，开发了一系列配套应用程序，涉及音乐、游戏、社交、内容聚合等领域，在当地获得了不错的市场反响。目前，依托于传音手机在非洲的畅销，传音智能操作系统已成为非洲地区主流的操作系统之一。

传音针对非洲市场的需求，不断致力于产品本土化创新。例如，常规手机对酷爱拍照的非洲人不太友好，通常难以捕捉到人脸，特别是在晚上。为此，传音结合深肤色影像引擎技术，定制相机硬件，专门研发了基于眼睛和牙齿来定位的拍照技术，并加强曝光，再加上"智能美黑"技术，俘获了众多非洲消费者的心。非洲大陆50多个国家和地区有着众多的通信运营商，而且不同通信运营商之间通话的资费很高，当地人人均有三四张电话卡是较为普遍的现象。为了解决非洲消费者的这个痛点，传音开发了"四卡四待"机型。非洲人民热爱音乐和跳舞，重视手机的音乐播放功能，传音就专门开发了"Boom J8"等机型，把手机音响变成"低音炮"，即使在很嘈杂的大街上，也能让他们随着手机播放的歌曲起舞。传音还贴心地为手机配备了头戴式耳机。同时，传音还适时推出自主与合作开发的应用程序，包括音乐流媒体应用Boomplay、新闻聚合应用Scooper、移动支付应用Palmpay和短视频应用Vskit等，其中Boomplay已是目前非洲最大的音乐流媒体平台。针对非洲部分地区经常停电、早晚温差大、天气普遍炎热等问题，传音还针对性地开发了低成本高压快充技术、超长待机功能、耐磨耐手汗陶瓷新材料和防汗液USB端口等。

在销售方面，在非洲的大街小巷，只要有墙的地方，就少不了传音手机的涂墙广告，传音正是通过这种接地气的方式来推广其新产品及影响当地消费者的心智的。同时，传音给经销商足够大的利润空间，并通过驻场指导、统一宣传等形式助力各地经销商销售。较高的利润水平和良好的合作体验让传音与各地的经销商建立了长期、良性的合作关系。售后服务品牌Carlcare已在全球建有超过2 000个直营或合作网点，也是非洲最大的电子类及家电类产品服务方案解决商。

传音是一家负责任的公司，不仅积极参与移动业务的发展，还积极参与当地的社区文化建设，以及各种社会公益活动。例如，自2020年起，传音与联合国难民署合作，携旗下手机品牌

TECNO支持联合国难民署全球教育项目——"教育一个孩子",帮助非洲难民儿童改善教育条件,让他们获得更多受教育的机会,为促进当地社会和谐发展积极贡献力量。2021年开始,传音旗下品牌itel在非洲地区推出"itel小小图书馆计划",目标是在一年内在非洲完成1 000家"itel小小图书馆"的搭建,让当地儿童拥有更充足的学习资源。截至2021年年底,"itel小小图书馆"已在非洲7个国家顺利落地,210个"itel小小图书馆"进驻本地不同的学校,受益的学生人数超过3.2万。

传音在非洲市场的成功不仅成就了自己,也给非洲人民带去了福音,更为中国品牌出海提供了借鉴。

9.5.2 伦理分析

1. 务实有为,用心感受非洲民众的需求

非洲是"一带一路"倡议的重要参与方,其民族众多,国与国、地区与地区之间的文化差异较为明显。传音秉持"全球化思维、本土化行动"理念,深入市场,研究当地消费者的行为偏好,了解非洲各个国家、地区的经济实力和购买力水平,为非洲民众量身定制充满本土化功能的产品和服务,用诚心、尊重和品质赢得本地消费者的认可。

当面对非洲各国和地区经济水平差距显著的问题,传音细化产品线,对于具备一定经济能力、基础设施建设和消费水平较高的非洲国家和地区,大力发展智能手机;对于一些经济相对落后、通信技术普及率低、消费能力弱的非洲国家和地区,则以低价的功能机打开市场。

传音尊重非洲国家、地区的文化差异,满足当地文化需求,"深肤色拍照"、各民族语言输入法、防汗材质、音乐功能上的改进升级等无不体现了传音在尊重文化差异方面下的功夫。传音通过解决消费者痛点的新功能打造手机和服务的新卖点。

2. 义利相兼,与非洲合作伙伴相融共生

传音在非洲市场通过长期努力,以"交朋友"的态度与当地政府、企业、社会开展双赢的合作形式,积极推进自身在当地的本土化建设。

传音制定符合当地用工习惯的规章制度和管理体系,用良好的待遇吸引当地优秀人才的加入,保障当地员工的合法权益和相关待遇,调动当地员工工作的积极性,营造一个在情感和待遇上更能够让当地员工接受的企业工作氛围和管理模式,增强当地员工对企业的归属感和认同感,赢得社会各界的好感,从而建立良好的企业声誉。

在非洲这样一个薄利且不太重视品牌的市场环境中,传音在非洲市场深入本土,建立自有工厂,完成从建立工厂到形成集生产、销售、售后于一体的一整套产业链条,并依靠与当地政府、经销商、运营商及忠实消费者的合作信任关系,坚持互利共赢的经营理念,坚持渠道下沉策略,设置销售专员与经销商、分销商和零售商保持长期稳定的日常沟通,及时获取一手市场反馈和需求信息,与渠道商共同成长,不断建立当地消费者对传音品牌的信任,让他们成为传音最好的品牌背书和天然广告。正如埃塞俄比亚工业部副部长所言:"传音是埃塞俄比亚有史以来第一家将产品出口到海外,帮助埃塞俄比亚赚外汇的公司。"这必定为传音赢得更多当地政府的支持和民众的青睐。

3. 诚朴尽责,深度践行企业社会责任

传音倡导"共创、共享"的企业文化,希望向社会分享温暖与善意。传音承诺遵守当地劳工、健康与安全、环境、道德规范等方面的法律法规,遵守国际公认的相关标准及其他适用的行业标准和国际公约。传音根据行业标准制定符合劳工条件、健康与安全、环境安全、道德规范的政策、生产工序和工作环境,持续改善工作条件和增进员工福利。

传音积极参与社会公益活动,坚持回馈社会,致力于做一个有温度的品牌,不断践行企业的社会责任。传音各手机品牌在业务所在地通过物资/资金捐赠,帮助当地弱势群体、用科技助力教育等。

9.5.3 总结与启示

从一个名不见经传的企业到"非洲手机之王",传音书写了一部波澜壮阔的海外拓荒史。传音所取得的成就源于其针对非洲市场做了适应性的开发和创新,并直击痛点、触动人心,将本土化做到极致,用实际行动诠释了其对非洲市场的耐心和尊重。正如传音的企业使命所言——"让尽可能多的人尽早享受科技和创新带来的美好生活"。中国本土的完整供应链及成熟市场经验,是传音在非洲崛起的底座和根基;尊重和坚持,则是传音称雄非洲市场的奥秘。这也为中国工程走出去提供了很好的参考方案。

主要参考文献

[1] 赵少奎，杨永太. 工程系统工程导论[M]. 北京：国防工业出版社，2000.

[2] 李正风，丛杭青，王前，等. 工程伦理[M]. 北京：清华大学出版社，2016.

[3] 王滨. 工程改变世界[M]. 上海：华东师范大学出版社，2020.

[4] 周凯，吴原元. 重大工程建设中的新中国[M]. 上海：上海交通大学出版社，2022.

[5] 徐泉，李叶青. 工程伦理导论[M]. 北京：石油工业出版社，2019.

[6] 铁怀江. 工科大学生工程伦理观研究[M]. 成都：西南交通大学出版社，2019.

[7] 闫坤如，龙翔. 工程伦理学[M]. 广州：华南理工大学出版社，2016.

[8] 肖平. 工程伦理导论[M]. 北京：北京大学出版社，2009.

[9] 杨水旸. 论科学、技术和工程的相互关系[J]. 南京理工大学学报（社会科学版），2009，22（3）：84-88.

[10] 钱炜，沈伟，丁晓红，等. 工程师思维训练工程实践[M]. 上海：上海科学技术出版社，2021.

[11] 顾剑，顾祥林. 工程伦理学[M]. 上海：同济大学出版社，2015.

[12] 李伯聪. 工程社会学导论：工程共同体研究[M]. 杭州：浙江大学出版社，2010.

[13] 李伯聪. 工程哲学和工程研究之路[M]. 北京：科学出版社，2013.

[14] 胡智泉. 生态环境保护与可持续发展[M]. 武汉：华中科技大学出版社，2021.

[15] 张永强. 工程伦理学[M]. 北京：北京理工大学出版社，2011.

[16] 何菁，刘英，范凯旋. "一带一路"视野下中国工程伦理教育的价值更新与内容拓展[J]. 昆明理工大学学报（社会科学版），2018，18（2），22-28.